8岁开始聊聊钱

不知道怎么跟孩子谈钱？从这本书开始！

[加]琪拉·维蒙德 著 [加]克莱顿·哈默 绘

倪瑞锋 译

中信出版集团 | 北京

图书在版编目（CIP）数据

8 岁开始聊聊钱 / (加) 琪拉 · 维蒙德著 ; (加) 克莱顿 · 哈默绘 ; 倪瑞锋译 . -- 北京 : 中信出版社，2023.3（2024.12 重印）

书名原文 : The Secret Life of Money: A Kid's Guide to Cash

ISBN 978-7-5217-4925-0

Ⅰ . ① 8… Ⅱ . ①琪… ②克… ③倪… Ⅲ . ①财务管理 - 青少年读物 Ⅳ . ① TS976.15-49

中国版本图书馆 CIP 数据核字 (2022) 第 204763 号

8 岁开始聊聊钱

著　者：[加] 琪拉 · 维蒙德
绘　者：[加] 克莱顿 · 哈默
译　者：倪瑞锋
出版发行：中信出版集团股份有限公司
（北京市朝阳区东三环北路 27 号嘉铭中心　邮编　100020）
承 印 者：北京联兴盛业印刷股份有限公司

开　本：880mm × 1230mm　1/32　　印　张：6　　字　数：150千字
版　次：2023年3月第1版　　印　次：2024年12月第2次印刷
京权图字：01-2022-4231
书　号：ISBN 978-7-5217-4925-0
定　价：39.80元

出　品：中信儿童书店
图书策划：如果童书
策划编辑：安虹
责任编辑：房阳
营　销：中信童书营销中心
封面设计：李然
内文排版：杨兴艳

服务热线：400-600-8099
投稿邮箱：author@citicpub.com

献词与致谢

致我一流的咨询团队：詹姆斯、杰、麦克斯、迈克尔、查理、艾默生、马伦、塔林，还有“小甜饼”伊丽莎白，你们不光给了我大量的创意，还帮我画插画。谢谢中央公立学校的凯特和司格特允许我使用你们的图书馆。说到学校，阿曼达，你作为学生实在是太酷了。特里斯坦，谢谢你在一个烦人的星期六伸出援手，帮我摆脱困境。这本书也要献给纳迪亚、戴尔和戴夫，你们让我在夏天有时间写完它。我对此实在是感激不尽，只能起立鞠躬。当然还有内森，你读了这本书，并且在每一个恰到好处的地方都笑了出来，我甚至都不需要付什么钱给你。

琪拉·维蒙德

目录

“你可以花钱买一条好狗，

却不能花钱买它摇尾巴。”

——亨利·惠勒·萧

美国幽默作家

从头说起

——钱跟苹果派有什么关系?

钱，就像苹果派。我是认真的，没有瞎编。(好吧，可能有一点点瞎编……)

做苹果派需要用一大堆乱七八糟的原料：面粉、起酥油、鸡蛋、糖、肉桂、黄油，还有苹果。把它们按一种超级精细的配方混合在一起，整个塞到灼热的烤炉里，等上一小会儿……当当当当！等你回过神来，看看手里的叉子，盘子里的派已经吃掉了一半。

钱也是这样。口袋里的一枚小硬币——不管是一毛、五毛，还是一块钱——对你的生活没多大影响。可是，如果你把块儿八毛都收集起来，再拉上别的人（以及他们的钱袋子），突然之间，钱开始引起了你的兴趣。

人们对苹果派的态度：

• 有的人一拿到就吃个精光。

• 有的人会先吃一小块，剩下的存起来，以后吃。

• 有的人其实只吃了一点点甜美的苹果馅，就觉得愧疚。（我不会！快端上来！）

• 有的人明明已经吃得足够多了，却还想要更多，更多。

人们对钱的态度：

• 有的人一拿到钱就花个精光。

• 有的人会先花一小部分，剩下的存起来，以后花。

• 有的人其实只花了收入的一小部分，就觉得忐忑不安。

• 有的人明明已经有了足够多的钱，却还想要再多，再多一点。

现在，你明白我在说什么了吗？

这些年来，我对钱越来越感兴趣。钱，很复杂，但复杂得很有意思。它能让我们快乐，让我们悲伤，让我们恐惧，让我们难堪。在这个世界上，钱有摧毁一个国家的力量，也有拯救生命的魔法。你能说

这一大堆词语说的都是"钱"。

金钱、资金、经费、货币、银子、大洋、钞票、钢镚儿、铜板、款子……（"嘿，拿上这笔款子，去拐角商店买点牛奶吧。"是不是有点搞笑？）

钱不神奇吗？

我在孩提时代就对钱感兴趣了，你们中的很多人大概也一样。那时的我会去帮人照看幼儿，还会去曲棍球场卖热狗。钱能让我买到新T恤衫，或者和朋友们去电影院开心一下。它到底是个什么神秘物件？更奇怪的是，为什么一提起钱，身边的大人们就都一副不屑启齿的样子？我觉得这些问题都很严肃，应该有人正儿八经地回答我。

事实证明，我是对的。为了写这本书，我进行了很多调查研究，这些研究让我认识到，钱确实是一种震撼人心的东西。这一年，我增长了许多新知识。（比方说，钱真的可以买到快乐——前提是你要有正确的花钱方式。后面会更详细地谈论这一点。）这些知识促使我完全改变了以往的花钱和存钱方式。

坦白地说，我多么希望在我小时候，有人能给我这样一本书。不过，你们是幸运的。越来越多的人意识到，每个人都应该在非常早的阶段就接触财经读物（用不那么花哨的话来说，就是“关于钱的教育”）。现在，越来越多的孩子能在学校里学习关于债务、储蓄和消费的知识，而不是等到长大成人后，才两眼一抹黑地去了解这些信息。（很多人刚刚成年就已经背上了沉重的欠债，就是因为没有人早点教导他们怎样处理钱的问题！）

准备好深入探索钱的世界了吗？也许，你已经能读懂股市行情，又或者你还需要从零开始。无论如何，这本书都能让你以一种全新的角度来看待钱。“收益”如此可观，何不继续读下去呢？

“钱可以让你不用做不喜欢的事。
鉴于我几乎不喜欢做任何事，
所以，有钱真是太好了。”

——格劳乔·马克斯
美国电影演员

第一章

你好呀，小钱钱

这本书是讲什么的来着?

哦对，钱，就是这玩意儿。

资金、货币、大洋、钞票……

不管你怎么称呼钱，我猜你现在已经比较认真地看待它了。也许，你正在考虑拿你的空闲时间施展一点魔法，变出一点钱来，比如：去参加培训，学会怎么照管幼儿；或者替邻居家修剪草坪。这些计划听起来都挺像样的。

又或许，你的小猪存钱罐里已经塞满了一摞钞票……妈妈跟你说：是时候去开办一个真正的银行账户了。

问题就是从这里开始的。钱这个东西，一旦有银行掺和进来，就会变得有点……难懂。

你会听人说到诸如利息和债务、信用卡和贷款之类的东西；在报纸上看到各种各样奇怪的名词，如股票、债券、税金、牛市（你非常确定它指的不是买卖小牛犊的市场，但到底是什么呢……），还有，按揭又是什么鬼东西？

拜托，我真的需要开始操心这些事情吗？

这么想的不只你一个人。谈论钱通常都让人觉得很不轻松。“股票”和“债务”之类的术语，如果你不搞明白它们是什么意思，就很容易纠缠成一团乱麻。此外，钱还有一种魔力——能轻易地让一些人陷入忧虑，因为那些人似乎永远都觉得自己的钱不够多。他们总以为，如果手里的钱再多一点，生活就会更美好。于是，他们都绞尽脑汁，来努力获取更多的钱。

但努力有时候管用，有时候不管用。

赢家并不总是赢

拿彩票举个例子。你或许认为，如果中了一大笔钱——比如说，3000 万美元——你不就可以把生活安排得明明白白了吗？可以添置一辆靓丽时髦的新车，一座带游泳池的豪宅，甚至养一匹小马。很多人都这么认为：更多的钱 = 更好的生活。

但是，故事的结局并不总是这般美好。事实上，很多彩票赢家赢到的财富，最终又全部失去了，甚至有人耗尽家底，宣布破产。有的赢家把钱全部挥霍在游艇、豪车、度假、房产和盛宴上；还有一些赢家对朋友和家人过于慷慨大方，留给自己的钱反而不够花了；还有的人，忘了横财也是要交税的，他们还没搞清楚状况，收税员已经找上门来，把剩下的钱收个精光。多惨哪！

彩票赢家的“好运气”还很容易带来另一种厄运：从人生赢家，变成孤家寡人。想象一下，你家赢了一笔大

赢了彩票就没有免费的午餐。

我的朋友黛比家里赢过一笔 300 万美元的彩票。我问她：有了钱以后最烦恼的事情是什么？“再也没有人请我吃午餐了。很多朋友都指望我买单请所有人吃饭！”

我听了直咽口水。

奖，忽然之间，你比你认识的所有人都有钱。一开始，这感觉犹如美梦成真，但是，等一等！想想看，班上会有多少孩子嫉妒你？会有多少人不再拿你当朋友？又会有多少本来不怎么熟悉的孩子，忽然想成为你的死党？你该信任谁呢？

钱啊钱，什么都离不开钱

彩票只是一个极端的例子，但它显示了金钱可以对人施展巨大的力量。因为钱从来都不仅仅是钱。换句话说，金钱可以对一切事物产生重大影响——这影响可能是好的，也可能是坏的。

钱不仅仅是你塞进书包或口袋里的那张纸或者那枚硬币。这样想吧——钱决定了你住的是阔气的豪宅，还是盖着铁皮的棚子；决定了你家冰箱里有没有新鲜苹果，搁架上有没有面包，橱柜里有没有浓汤，还是仅仅只有屋角的一袋大米。钱会影响你骑什么单车，能不能去露营，甚至影响你的自我感觉。可能你爸妈还曾经讨论过，他们有没有足够的钱来养育后代（也就是你）！

有钱没钱是一个着非常非常重大的问题，而真正有意思的，是如何回答这些问题。比如这个问题："有谁想把我变成百万富翁吗？"

请给我 100 万

2010 年 11 月，纽约市的喜剧演员克雷格·罗温在社交媒体 YouTube 上发布了"讨钱"视频，请随便什么人——给他 100 万美元。他并没有什么理由需要这笔钱，也没做什么配得

上这笔钱的特别的事情。但是，假如说，真从哪儿冒出来一个千万富翁或者亿万富翁，愿意给他这笔巨款，那该多酷？他就是这么想的。

这个古怪的创意吸引了近 50 万名观众，更多的人点击观看了他的后续视频。

时至今日，罗温仍坚称这一切只是个玩笑。不过，当没有等到谁来奉上那 100 万美元时，他决定让这个噱头更逼真一些。他伪造了一段神秘的千万富翁“本杰明”的语音留言，声称要让罗温暴富。罗温还制作了一份假的公证书，让这桩赠予看起来更逼真。

到这个时候，整件事已经逐渐疯狂起来。纽约一家报纸的记者闯进罗温住的公寓楼，质问他的故事是真的吗？他真的要从一个陌生人那里收到 100 万美元吗？美国和加拿大的电视台和电台也纷纷打电话询问同样的问题。罗温不胜其烦。

“我不想承认：‘你猜中了，真不愧是个调查记者，请向所有人揭穿这一切吧。’那样的话这个玩笑就结束了。”他说。

最终，由于无法继续承受这种压力，他决定提早出面澄清。他打算在当地一家剧场举行假支票的赠予仪式，仪式的观众席有 170 个座位，门票被抢购一空。

“有时候，当你开口要 100 万美元，你就能得到；但也有时候，你要求了，却得不到。”他在仪式上这样说道，然后点燃了那张支票，向人们声明：这一切只是一场闹剧。

直到几个月后，他仍然不确定自己从这段经历中学到了什么，不过有一点他是确定的：自己开口要 100 万美元的这种行为，既有人爱，也有人恨。因为人们倾向于认为：钱是有价值的。如果无缘无故地给钱，钱就贬值了，这会让人们感到不适，特别是在数额如此巨大的情况下。100 万美元啊，应该还是挺算回事儿的，对不对？

甚至罗温自己也承认，假如真的出了个阔佬，要给他这笔钱，他将会极度不安。

他说：“我相信人性本善，但是，如果有人愿意平白无故地给你 100 万美元，那人肯定有什么地方不太对头。”

无缘无故就来钱

正如罗温从这件事中学到的，光是开口讨钱，不会有人把一大摞现金拱手送上，门儿都没有！通常来说，如果你想要钱，就不得不想办法挣钱。你做的蜥蜴缸曾经获过奖？可以拿它换 50 美元。也可以去面包房烤一整天面包，赚点买面包的钱。现实世界里的钱就是这样流动的。

况且，如果不清楚钱的来源，就算讨到了施舍也可能会让你惴惴不安。罗温说，假如真有人给他一张 100 万美元的支票，他可能会还回去。谁知道厚礼背后附加的是什么条件！会要求他偿还吗？会像那些倒霉的中奖者一样，从走运变成天降灾难吗？

心平气和地与钱相处

好吧，让我们总结一下：

中彩票？不好。张嘴白要？大错特错。

那么……赚钱的秘密到底是什么？是知识。

直截了当地说，你越了解钱，就越不会为它而紧张。我的经历就能证明这一点。

当我还是小孩子的时候，美国发生过一场大规模的经济衰退，很多人丢掉了工作，包括我的爸爸。我家甚至一度凑不到钱给我买生日蛋糕。我们吃的是慈善机构捐赠的食物。我常担心自己的脚长得太大，穿不进鞋子里。光着脚可怎么去学校呢？说真的，这种忧虑太难熬了，愁得我夜里都睡不着。

但是后来，我长大了，上了大学。我了解了关于钱的知识，并开始挣钱。只要我愿意，这些钱足够我买很多双新鞋。（但我没有！事实上，我讨厌买鞋。）

无论如何，我要向钱致以敬意，它配得上这种敬意。这些年来，虽然光景也时好时坏，但我对钱的态度变得心平气和了。谈钱，存钱，花钱，各个方面都是这样。比起为穷困潦倒而忧虑，这种感觉真是太好了。

你怎么想？
准备好跟你口袋里的钞票（大洋、银子、铜板）更心平气和地相处了吗？赶快翻到下一页，开始阅读吧……

“造币厂造出了它，
却要靠你来维系它。”

——埃文・艾萨
美国幽默作家

第二章

该付账啦

谁需要钱？我们都需要。

你走过一家商店，往里张望……就在那里！一双你朝思暮想了几个月的鞋。它的尺码正合你的脚，颜色也是你最喜欢的。就它了！就拿这双鞋吧？可是，那个怒气冲冲的家伙是谁？他穿着保安制服，追在你身后，还冲你喊：“站住！”哦，对了，忘了钱这档子事。这双鞋，你必须付钱买。

你毕竟不能在商店里喜欢什么就拿什么，尽管想象一下这种感觉是很美好的。我们必须拿出一些东西跟店家交换。

我们用钱支付，因为它有价值。作为一种交易工具，它等价于某些东西。所以，如果你想要买卖货物，比如汽车、电脑，或者化妆品，就需要用到英镑、比索、欧元这些货币。它们也可以用来在本国国内或者世界各地买卖服务，而这又帮助了更多的人来买卖货物和服务。

具体来说，如果你买了那双你想要的鞋子，商店就能获得利润。商店获得了利润，经理就能雇用更多的店员。更多的店员能卖出更多的鞋子，制作这些鞋子的人就能赚到更多钱。当足够多的人都有钱买东西的时候，整个经济就发展起来了。经济发展了，就会有更多的人想买东西，事情就这样不断向前发展。

金钱确实能推动世界的运转，不管是近在一国之内，还是远在地球的另一边。

但是，金钱也有负面的力量。当它运转不良的时候，人们会失去工作，很多人不再有钱来购买生存所必需的东西。有的时候，整个国家会因此陷入战乱。所以，要想让金钱有用，我们必须能用它来购买东西，用它交易，同时不至于为了它发生争斗，或出于贪婪而伤害他人。

关于钱的方方面面

“嘿，哥们儿，麻烦你把那头猪递给我，我要用它买块新滑板。”

这是在搞笑吗？实际上，信不信由你，很多东西，像盐、贝壳、羽毛、动物，甚至将近4米长的石头，都曾经被人们用作货币。虽然这些物体看起来一点也不像今天的钱，但它们发挥的作用基本差不多。这是因为，所有成功的货币都必须具备一些重要特征，而上面这些东西就或多或少地拥有这些特征。

“钱”需要具备哪些特征？

钱——通常定义为任何可以用来支付的东西——必须要：

- 可以保存足够长时间。
- 难以伪造。
- 稀少，但又不过于稀少。
- 便于运输。
- 容易分割。
- 有价值。
- 可以被人们接受，按物价来支付。

那么，什么东西能满足这些特征中的全部，或至少是大部分呢？只有钱，钱，钱！

但钱还不止于此。很多财经专家说，实际上，钱更像是一种精密而实用的理念，是处在同一经济体中的人们相互达成的一种协议。

是不是觉得这说法有点怪异？刚开始，我也很困惑。你不妨这样想：假设你和六个朋友想要在课间交换漫画书，这些漫画书实际上就成了你们的货币。这是因为你们聚在一起，共同决定了它们是有价值的。当整个国家的几乎全体公民都同意一美元具有某种价值，他们就是对钱币做出了类似的共同决定。

现在我们来想象一下，如果所有人共同决定，一美元不再有价值了，那它立刻就失去了价值——即使这枚硬币本身同昨天并没有什么两样。

我们到底为什么需要钱

你可以和你的朋友们做一个实验：走进房间，收集所有你不再想要的衣物、玩具和小玩意儿，扔进袋子里。让朋友们也这样做。然后你们聚在一起，互相交换。哇哈，你就有了“新”的电子游戏和超棒的“新”牛仔裤。

这种交换行为叫“以物易物”，它由来已久。也许在远古时期的某一天，原始人甲想要拿自己拥有的一条动物的腿去换原始人乙手里那块多汁肥美的肚腩肉，于是就诞生了以物易物。直到今天，以物易物仍然非常普遍。仔细想想，你很可能在学校里互相交换过贴纸、彩色皮筋和音乐专辑，这就是以物易物。

但是，以物易物有它的缺点。

只有当两个人都拥有对方想要的东西时，以物易物才能发生。如果只是在学校交换玩具或零食，这没什么大不了的。但是，如果你想要用自己手里的东西换取食物、保暖衣物或其他生存必需品（不，你朋友手里那堆巧克力饼干不算必需品），这就成了一个重大问题。这时候，钱就成了一种优越的交易手段，因为所有人都想要钱——这真是一个绝佳的理由。

造出钱来花

现在，你已经知道钱为什么这么厉害了。当你盯着一枚硬币看时，是否曾好奇这一小片又冷又硬的金属是怎么被做成这个样子的？在真正造钱的地方，也就是每个国家的造币厂（比如美国造币厂或加拿大皇家造币厂），人们用两片模具夹住硬币，在上面压出图样，好让我们知道这枚硬币值多少钱。

至于纸币，则是先由特殊的胶印机来印出颜色和线条，然后用另一台压印机施加巨大的压力，把油墨印到纸张里，形成

一种凸起的纹理，这会使它很难被复制。

至少最近几十年来，各个国家的造币厂就是这样制造纸币的。不过，时代在发展，技术在变化，于是就有了我接下来要说的话题——

纸的还是塑料的？

把你自己想象成一张 5 美元纸币，蜷缩在牛仔裤的裤兜里。两天前，你的主人把裤子扔进了地板上的脏衣服堆里，这让你感到实在有些憋闷。但是——什么情况？有人拿起了这堆脏衣服，此刻正提着你走下楼梯，走向——我的妈呀——洗衣机！

你知道接下来将要面对什么。整个清洗过程，在肥皂水里翻滚浮沉，那铁定够你受的。

真可惜啊，你不是在澳大利亚、新西兰、越南、赞比亚、印度尼西亚、墨西哥，或者其他几十个用聚合物制造货币——也就是塑料币的国家里。（加拿大也已经加入了这股塑料币风潮。）

对于气候温暖、潮湿多雨的国家来说，纸币比较容易损坏，而塑料币其实非常合理。光洁滑溜的聚合物货币既不容易吸附尘土污垢，也不容易滋生肮脏的致病菌。（说真的，如果你知道有多少人先抠鼻孔后摸钱，恐怕就再也不想碰那玩意儿了。）

与伪造货币者的斗争

塑料材质的货币之所以比传统材质的货币更受欢迎，还有一个重要的原因是：它更难伪造。现有的很多塑料货币都带有

那是什么味儿？

很抱歉地告诉你一个事实：如果你的手在摸过硬币后有一股金属臭味，这不是那枚脏硬币的错，是你的错。德国科学家发现，这种气味其实是一种体臭，皮肤中的油脂在接触到含有特定金属的物体后会分解，从而产生这种气味。而另一个真相可能更令你作呕：当富含铁元素的血液接触到皮肤后，也会产生相同的气味。难怪有些人坚称："血腥味"闻起来就像是"铜臭味"。

微小的透明视窗或涡旋，非常难以仿造。确实，用聚合物制造货币要贵一些，但是，据加拿大银行说，它们是可回收循环利用的，而且寿命要比普通纸币长两到三倍。这就意味着，从长远来看，银行少印制一些货币就够用了。

妈妈总说，钱不是从树上长出来的。现在我们知道，至少世界上有很多钱确实已经跟树没什么关系了。

那么，怎么用聚合物印制钱呢？这是一项高科技任务。首先，需要把塑料碎片熔化，产生聚合物，再收集起来，摊成厚薄均匀的长卷；然后把它送入压印机，在上面施加很多层白色油墨，同时留出透明的小区域，用来印制防伪图像，这种图像多为激光印制的全息图，所以几乎无法扫描或者复印；接着，将长卷裁切成适当的大小，再在上面施加更多层油墨，使制成的货币具有特殊的纹理；最后一步是打上序列号，这些货币就可以流通了。

时间长河里的小零钱

——某些怪异钱币的（超）简史

大部分人都认识今天的钱币。可是，如果回到过去，你能认出钱吗？据我们所知，钱这个概念并不是率先诞生在某一个地方，然后扩散到全世界各个角落的。相反，很多不同文化中的不同人群似乎都在差不多的时间产生了这一理念。换句话说，流通的货币似乎也是一种流通的常识。以下就是世界各地曾经使用过的一些奇异货币。

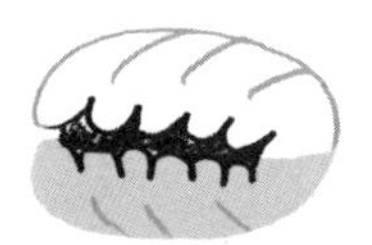

货贝（又名宝贝）
公元前 7000 年—公元 20 世纪

想要舒服的凉鞋？拿贝壳来换！

货贝表面光滑，边缘如荷叶状，曾被亚洲、非洲和太平洋海岛地区广泛用作货币。甚至美洲土著也曾一度使用贝壳货币。你知道什么贝壳最值钱吗？就是流通在远离海洋的内陆地区的那种。

能买什么：货贝的价值在不同地区变化极大，1850 年在刚果，10 个货贝可以换一只鸡。

第纳里银币
公元前 2 世纪

入乡随俗，在古罗马就要辛苦挣第纳里来花。

这种银币一直通行到公元 3 世纪罗马帝国陷入危机时。不幸的是，很多狡猾的家伙不愿意努力工作来换取银币。那些造假币者用黏土烧制成模子，再用银粉洗成银色。

能买什么：一个罗马士兵一年能挣 225 第纳里的薪水。这些足够他日用。

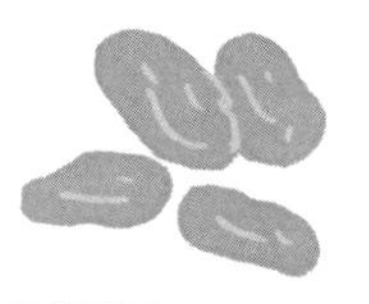

可可豆
1200—1521

金豆豆，银豆豆，不如值钱的可可豆……

对于强大的阿兹特克人来说，可可豆不光可以用来制作美味的热巧克力饮料。大部分人都用它在市场上买卖东西。数豆子的阿兹特克人可以说是最早的精打细算者了。实际上，他们并不能在自己的土地上种植可可豆，只能以税金的形式向被他们征服的部落征收。这种甘甜的“资本”（可可豆）有什么缺点呢？时间一长，它就会腐坏，这运气真是太“烂”了！

能买什么：在 1513 年，一颗可可豆可以买一只兔子当晚餐。

贝壳串珠
16—18 世纪

那些“外来户”把我们的美好习俗变成了金钱。

按照传统，易洛魁印第安人和周边的部族完成交易后会交换一串贝壳串珠，以此作为善意的象征。后来，欧洲航海者来到了北美洲东北部。这些新来的定居者赋予了贝壳串珠新的价值——作为货币，用来做买卖。

能买什么：在 1657 年，两串贝壳串珠可以买一张上好的海狸皮。

扑克牌币

1685—1763

1685 年，新法兰西地区（今天的加拿大魁北克省）钱币稀缺。面对着一群愤怒的士兵，省督雅克·德·缪勒急中生智（或者说，死马当活马医）——他拿起普通的扑克牌，在上面写上价值多少，再请权威人士在上面盖章，以示认可。速成钞票！为了彰显打击伪造行为的决心，缪勒曾判决将一名造假者的双手绑在背后……整整三年！

能买什么：你需要的任何东西都能买，直到新法兰西地区陷落于英国人之手。那之后这些卡牌就一文不值了。

暖脚贴

1775—1783

鞋太大？快用暖脚贴！让娇嫩的脚趾过个节！

令人伤感的是，某些钱币的面值甚至比不上印它的纸。美国独立战争期间，由大陆会议发行、发给士兵们的纸币就曾变得一文不值。由于太不值钱了，士兵们直接把它们塞进长筒袜，用来保暖。

能买什么：让冻疮的发作延缓若干小时。

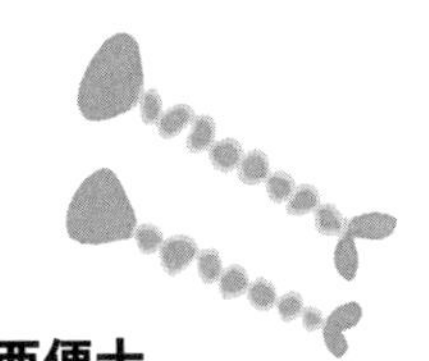

基西便士

1900—1940

来看个风格完全不同的东西。

毫无疑问，基西便士跟我们大部分人印象中的硬币完全不同。这种曾经通行于塞拉利昂、利比里亚、几内亚等西非国家的钱币不是圆形的，而是一段扭曲的铁杆，长度跟一把尺子差不多。它们通常被用来进行小额买卖。人们相信每一根铁杆都拥有灵魂，如果你把铁杆弄碎或者熔化，以便从中提取有用的铁……咔嚓！价值没了，罪名来了。

能买什么：在 1918 年，买一头牛需要 600 基西便士。

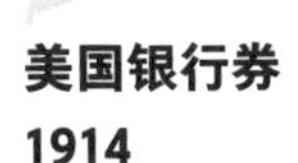

美国银行券

1914

这类钱由纽约城市银行为您奉上！

曾经，美国获准印制和发行各自钞票的银行多达数千家！直到后来，美国国会规定：由联邦储备委员会负责发行官方货币，这就是“联邦储备券”。这种当年的新鲜事物至今仍然可以用来买东西，这也是美国印钞铸币局仍在制造的一种货币。

能买什么：不折不扣，你手头的钱值多少就能买多少价值的东西。（美元的价值从 1914 年开始就处于下跌之中，当 1929 年大萧条发生时，1 美元只相当于最初的区区 62 美分了。）

双语钞票

1935

英语还是法语？法语还是英语？何不都印上呢？

在 1935 年之前，加拿大的货币一片混乱：不同的银行甚至商家都在印制自己的钞票。这一年，加拿大银行成立了，它希望能根除这一乱象。这个想法很不错，但诡异的是，新的官方银行在第一年分别发行了法语和英语两个版本的钞票。后来，所有的加拿大钞票都是双语的了。

能买什么：这种钱发行时大萧条刚结束，花两块钱就能换回一件冰球衫。（如今它们随随便便就要卖 100 加拿大元以上！）

要钱，但不要变

这样看来，在全世界很多国家，纸币正像渡渡鸟一样走向消亡，塑料币则风头正健，越来越流行。变化总归是一件好事情，对吧？不要急于下结论。还是有一些国家更喜欢传统的元、角、分，并不热衷于拥抱新事物。

比如说美国。早在 1971 年，美国政府就曾尝试发行新的 1 美元硬币，来代替流通中的 1 美元纸币。这能有什么坏处呢？我们知道，硬币能持续使用 30 年，而纸币差不多用 4 年就该进粉碎机了。何况，还有一种叫“铸币税”的东西：美国联邦政府通过铸造货币获得的利润。因为铸造一枚硬币只要大约 30 美分，却能以 1 美元的价格卖给大众。也就是说，通过铸造一美元硬币，政府能存下一大笔钱。听起来很合理，对吧？但是，很多美国民众却拒绝使用这闪闪发亮的崭新钱币。他们说：这硬币太重了，用起来不方便。一些自动售货机也拒收这种硬币。

事情最后到了这样的地步：据报道，到 2011 年，有大约 10 亿美元的硬币安安静静地躺在美联储的金库里——因为没人愿意用它们！而美国政府早已颁布了一项国会强制令，要求继续铸造。所以，在可预见的将来，这座“钱山”还会继续增长。

嗯……让 10 亿美元就那么傻傻地堆在那里，听起来有点疯狂，是吧？这笔钱可以买 284900285 个汉堡，也足够买下世界上最大的私人游艇“日蚀号”了（船上有两个直升机平台、11 间客舱、两个游泳池和好多个热水浴池）。

所以，1 美元硬币？它们可不是闹着玩的钱，如果使用得当，这笔钱可以为很多人带来幸福。

这里有位专家!

加拿大银行
曼努埃尔·帕雷拉

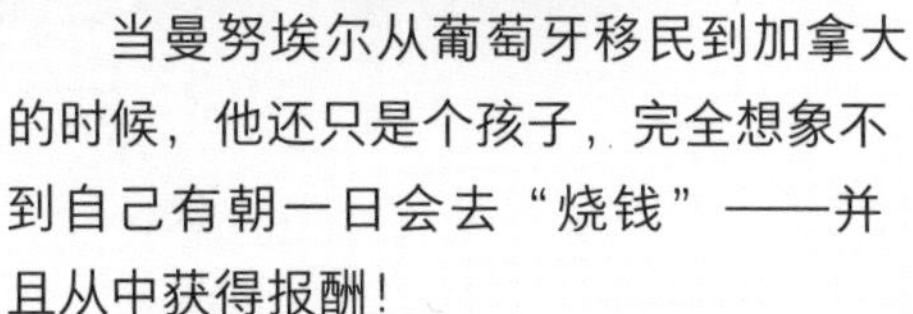

当曼努埃尔从葡萄牙移民到加拿大的时候，他还只是个孩子，完全想象不到自己有朝一日会去“烧钱”——并且从中获得报酬!

事情是这样的：大约 30 年前，他在加拿大银行，也就是加拿大的中央银行，找到了一份工作。在那个年代，当纸币陈旧或者破碎到不能再使用时，其他银行就会把这些不适用的纸币收集、装袋，送到加拿大银行。然后，曼努埃尔会核对装在袋子里的成堆的现金。工作人员清点完这些钱，就用吊车把它们塞进一座大焚烧炉，烧个精光。(这算是货真价实的“烧钱”了吧?)

“在加拿大银行工作一段时间以后，钱对我来说，就只是带颜色的纸了。”曼努埃尔坦然地说，“慢慢地，你会对把钱扔进炉子这件事习以为常，但一开始确实感觉很奇怪。”

从 20 世纪 80 年代开始，银行改为粉碎纸币。曼努埃尔在 2000 年，也就是停止发行千元纸币的时候，学会了这种操作。于是他的工作就变成把成千上万的加拿大元扔进“死亡之口”。

如今，他的职位又换了，变成了银行的对外代表。他同零售商、警察、其他银行打交道，甚至会给孩子们讲解关于钱的知识，以及如何制止伪造货币者。

“我就是银行的耳目和喉舌。我的工作的最妙之处在于能提供即时满足感，我能在各种地方看到我所带来的变化。”他说。

别让这笔买卖飞喽！

你是否正好手头有点闲钱（比如说，700 万美元），在寻找投资机会？那你可以考虑豪迈地收购世界上最贵的硬币——1933 年发行的美国双鹰金币。虽然这一版硬币当年曾铸造了多达 44.5 万枚，但时任总统罗斯福认为，在大萧条期间浪费这么多宝贵的黄金用于铸币实在是大错特错。怎么办？通通熔了吧！只有极少数硬币逃脱了进熔炉的命运。到 2002 年，其中一枚卖到了 660 万美元（还要另加烦人的 15% 的购入费）。这才叫一笔巨款呢！

想知道为什么
曼努埃尔的工作要比
站在柜台后面卖冰激凌挣
得多吗？跟我一起翻开下
一章，我来给你挖一挖
这里头的秘密。

“五分钱可比不了一毛钱。”

——尤吉·贝拉

美国棒球运动员

第三章

我们去工作吧

揭秘每天工作的价值!

做个小测试: 一个精灵找到你——对，就是那种从瓶子里冒出一股青烟，然后现身的精灵。你会向他提出哪三个愿望呢?

成为世界上跑得最快的人?（让博尔特吃土去吧！）

世界和平?（哇，你太崇高了！）

嘿，这个主意怎么样? 只需要一个魔法袋子，凡是你要钱的时候，就能源源不断地吐出钱来！这想法不错——真的吗？

为什么要工作

既然精灵并不真实存在，大部分人就不得不以老派的（没有魔法可言的）方式来挣钱。没错，就是工作。

但是，工作，并不仅仅是花费时间去做你不那么想做的事情。事实上，人们每天的工作确实是有意义的。警察能保障你的安全，并对付坏人。图书馆员能帮你迅速找到书和信息，来完成明天要交的报告。（嘘！我不会告诉别人你已经拖延了很久了。）大学教授能通过科学研究做出惊人的新发现。

10 个人里有 8 个这样说

有很高比例的人说：即使他们继承了足够的钱来维持舒适的生活，也依然会选择继续工作。很显然，我们工作的原因有很大一部分是与情感相关的——不仅仅是为了挣钱买东西。

何况，工作还能挣到钱。挣到的钱会流向哪里呢？给餐厅服务员的小费，给狗狗梳理毛的费用，支付供电公司的账单——而供电公司会雇人工作，还有交税——税金会用来建造道路和公园。

因此，工作和钱很重要，它们有助于构建社会，让我们都愿意参与其中。

更重要的是，如果所有人都辞职、不工作，那么原来运行良好的社会将经历剧烈的变动。整个世界经济——更别提公共服务、店铺啦——都将彻底崩溃。没有警察？犯罪活动就找上门了。没了科学研究，也就不再有新发现。人们也将不再有钱来买任何东西。

认真工作，混口饭吃（认真的）

保持工作还有一个很充分的理由。据美国经济学家、作家丹·阿雷利说，有研究显示，人们实际上渴望去工作，因为他们通过自己的职业——而不是钱本身——来认识自己。工作成为人们自我认知的重要部分，给人们以目标感和幸福感。这就是为什么小孩子们在回答询问时，会说“我长大后想当消防员”，而不是“我长大后想靠救火每年挣 4.5 万美元”。工作本身比钱更重要。

阿雷利说，连动物都有这种撸起袖子（或者说腿毛）去干活的需求。早在 20 世纪 60 年代，动物心理学家就在研究中发现，相比白吃白喝，实验室老鼠更愿意自己“挣口粮”。

这是怎么研究出来的？科学家直接给这群饥肠辘辘的啮齿类小家伙发了一个装有食物的杯子——但在此之前，他先让它们学会从另一个食物分发器中获取食物：只要它们按一次小杠杆，分发器就会发射出一小团食物。200 只老鼠中，只有一个懒惰的家伙决定始终从“免费”食物杯里蹭吃蹭喝，剩下的 199 只最终都回到食物分发器这边，通过按杠杆这种“工作”来获取食物。事实上，它们中有一部分几乎再也没有回去光顾那些“免费”且充裕的食物。

撇开动物不谈，每个人各自的工作对于社会来说都有一定的价值。每份工作都有价值，但到底值多少？这才是关键问题。

什么工作值什么价

你有没有想过，为什么银行行长比你的老师挣得多——实际上是多得多得多？而电影院里卖奶油爆米花的人，又比会计师挣得少得多？人们如何决定某些工作比别的工作更挣钱呢？

雅浦－雅浦－雅浦

在回答这个问题之前，我们先花时间来了解一下“雅浦石钱”。“雅浦石钱”是 19 世纪生活在密克罗尼西亚[1]雅浦岛上的人使用的货币。这种石钱由一种叫文石的矿石制成，雅浦人将它们雕刻成巨大的甜甜圈的形状。

问题在于，雅浦岛上其实并不出产文石。相反，得由一群强壮魁梧的人驾着自制的小船，勇闯惊涛骇浪，前往另一个岛屿开采这种石头——最大能达到将近 4 米——再想方设法运回来。这项工作非常艰巨，而且充满危险。

正是这种额外的艰辛和危险，让雅浦石钱拥有了很高的价值。（类似的现象也出现在其他珍贵的东西上，比如说金子，要找到它，必须依靠漫长而艰苦的劳作。）

所以……工作，到底有什么关系

事情是这样的：我们会因为某些事物很难制造或者不易获得——就像雅浦石钱——而认定它具有额外的价值。同样的道理，我们也认为人们花费的时间是有价值的，特别是那些做着很危险、很困难或者很罕见的事情的人。换句话说，这些人拥

1 太平洋中部的群岛。——译者注

有的技艺或才能，是大部分人都不具备的。

所以，你拥有的技能越“特别”，你工作的报酬就越丰厚。听起来很公平吧？实际上，事情还要比这更复杂一些。

为什么一个才华横溢的棒球大联盟运动员比一个消防员多挣几十倍的钱呢？这合理吗？一方面，当消防员冲进熊熊燃烧的大楼里，他在拯救别人生命的同时，自己也冒着生命危险。有些人会说，相比以打球为生，这份工作对社会的价值更大。

但从另一方面来说，能以每小时156千米的速度准确投球（而且一晚上投100次）的人是很稀少的。不要忘了，前来看球的球迷们会支付巨额的资金，更别提售卖棒球帽、T 恤衫、海报和其他衍生品所带来的利润。从某种意义上来说，球员能挣大钱，是因为他们的球队老板能挣更大更大的钱，他们只是从中分一杯羹。

总之，不管你从什么角度来看待，评判一份工作的价值都不简单，甚至并不完全合乎逻辑。

还有一些职业的收入相对较高，是出于另一个原因：从事这个职业的人，需要接受大量训练，才能做好这件事。这种训练很可能要持续多年，也要花费很多钱财。

比如说，一位血液科医生（专治白血病等血液癌症）可能要在学校学习 20 年以上，支付数十万美元的学费。如果最终的收入无法回报他们在教育上的投入，就没多少人愿意当医生了！当然，医生救助病人，挽救生命，这也增加了他们工作的价值。

那么，银行业的收入凭什么笑傲众生

2008 年的时候，很多人都在问这个问题。因为那一年，世界遭遇了自 1929 年大萧条以来最严峻的金融危机。我要说清楚，我们这里谈论的并不是你日常在银行里看见的、亲切友好地站在柜台后面的职员，他们跟这一灾难毫无关系。需要对 2008 年大衰退负重要责任的，是很多银行的高层雇员，因为他们曾想尽办法放贷给那些通常无法获得贷款的人，比如说无业者、有拖欠还款记录的人，等等，总而言之就是信用评分太低的人。但是某些金融界的大佬们却认为，仍然应该向这些人发放贷款和按揭。为什么呢？因为可以由此赚到一大笔利息。结果怎样？一大堆人无法偿还贷款（多惊喜哪！），将金融界带入了巨大的困境。

提问：2009年，收入最高的银行业大佬一年挣多少钱？

A）820万美元

B）1870万美元

C）90万美元

D）200万美元

答案：B）。据报道，设立在旧金山的富国银行主席约翰·斯坦普夫挣了高达1870万美元。对你来说，能拿到这个数目当然是很不错了，但这跟2008年金融危机之前的日子却没法相比。据报道，早年间，最高收入者可以挣到6900万美元！

尽管如此，有一些曾经做出放贷决策的银行雇员依然捞取着数百万美元的薪水和奖金，与此同时，有些人——可能包括你的家人或你认识的人——正在失去工作和房子。

更讽刺的是，有一些研究显示，即使在金融稳定的时期，银行雇员们过度高涨的报酬也是弊大于利。实际上，这会让他们中的有些人效率低下，因为巨额的薪水实在是太容易分散精力了。（嘿，想一想，如果你每星期有5万美元零花钱，你是不是会想尽办法让自己花个痛快，还能不能集中注意力写作业了？）

谁的工作更值钱？医院工作人员还是会计师？

一个名叫“新经济学基金会”的英国智库决定搞明白这个问题。只不过，如你所知，要断定一份工作的价值是挺困难的。

如果一份工作的报酬比另一份工作高，就意味着这份工作更好吗？如果一份工作需要做一些有意思的事情，比如当着一群高声呐喊的球迷的面踢足球，就足以认定这是很棒的工作吗？还是说，只有通过评估一份工作给社会带来的益处，才能决定这份工作的价值？

这群经济学家就希望通过这种方式来分析工作的价值。他们准备回答这样一个问题：“我们的薪水能反映出我们的工作对他人和环境的益处吗？”

这是他们找到的答案：

广告经理

制作广告，往往让我们相信自己需要更好的汽车和更酷的衣服。

✘ 每挣 1 美元就浪费 17 美元价值

怂恿我们花掉比手头更多的钱，搞得大家都很烦躁。

税务会计

精打细算的家伙，在纳税季帮客户想方设法保存资产。

✘ 每挣 1 美元就浪费 72 美元价值。

他们的工作是帮人避税。研究者说，如果大家都足额纳税的话，所居住的城镇和乡村都将面貌一新。

大银行家

把钱移来挪去，以此赚更多的钱。

✘ 每挣 1 美元就浪费 11 美元价值。

因为他们给全球经济造成了重大创伤。

“我们的薪水能反映出我们的工作对他人和环境的益处吗？”

废物回收工

收集你丢弃的塑料、玻璃和纸制品，变成我们可以再次利用的东西。

✔ **每挣 1 美元就创造 18 美元价值。**

他们把旧瓶子变成新瓶子，把废轮胎变成铺路材料，把废报纸变成厕纸。

医院清洁工

清洁病房，防止病菌滋生。

✔ **每挣 1 美元就创造 15 美元价值。**

让病人不会因为感染恶劣的细菌和病毒而加重病情。

托育工作者

比如你以前的日托老师和临时保姆。

✔ **每挣 1 美元就创造 14 美元价值。**

为众多家庭提供宝贵的服务。

这有道理吗

毫无疑问，这些经济学家提供了一个新的视角来看待这个问题——至少让我想了很多。

但是，就像所有跟经济相关的问题一样，这个议题也没这么简单。高级银行家能比托育工作者获得更高的报酬，或许是因为他们花了很多年在学校里学习复杂的数学知识。又或许，他们给人放贷，使得这些人不需要省吃俭用 20 年才居有定所。这也算是一种价值吧？又或许，托育工作者薪水不高，是因为他们的雇主承受能力有限，如果这些家庭自己时薪只有 19 美元，就很难雇得起时薪 38 美元的保姆。

再说了，并不是每个会计师都在从政府手里抢钱，也不是每个银行家都会在人们背上债务时兴奋得直搓手。生活并没有那么非黑即白。我们确切知道的是：每一份工作都会对别人、对我们的地球产生影响，有时是好的影响，有时是坏的影响，而通常是两者兼而有之。正因为此，有时想要确切地认定一份工作是否有益于社会是很困难的，通常都没有一个明确无误的答案。

跟历史也有点关系

有时候，某项工作的历史会向社会宣告它的价值——即使它已经不那么合理了。比如说图书作者和出版商。过去，写作这种不务正业的事情，只有已经很富有的人才有闲暇去干。出版被视为“绅士的职业”。事实上，在那个时代，如果有人要求为写一本书收取一大笔预付款，或者编辑要求高薪水，都会被认为是很不体面的。

虽然今天从事写作、编辑、出版的人早就不是这种情况了（也就是说，他们不再是仅仅想找点事做的富人），但这个行业付给各项相关工作的钱仍然是相对较少的。

不要急于指责推诿

那么，提个新想法怎么样？假设现在开始，我们给更“有价值”的工作支付更高的薪水，你会更愿意当银行家，还是更愿意去探索制造绿色能源的巧妙办法？你能断言银行业不但乏味无趣，而且对社会具有破坏性吗？

在你做出这一论断前，也许还应该考虑其他一些因素。请记住，这只是判断一份工作价值几何的一种方式。你同样可以说，银行家们也带来了很多益处。比如说，有多少家庭能够完全不靠按揭贷款就买得起房子？根本就没多少。部分原因正是银行和在银行工作的人，让许多人理由正当地借到了钱。

与之相似的还有很多学生，他们本来可能上不起大学，只是靠着银行贷款才能支付学费。如果我们把时间快进 10 年，就能看到他们最终找到一份好工作，能负担自己的孩子去上学，甚至还能给慈善事业捐款。

看前面的数字，我们可能会轻易地给银行业打上“对社会具有惊人破坏性”的标签，但现实远不是这样一清二楚的。

看清楚我们要从事什么工作，这本身就是一项复杂的工作。

时间就是金钱，金钱也是时间

丁零零！恼人的闹钟又响了，未来的你将知道，该穿上衣服，拿起包，出门上班了。可是，你是会穿上一件快餐店制服，还是会拿上一个公文包？根据工作的不同，不光衣服、配饰会变，你的收入也不一样。千万不要搞错这一点：你每个星期挣多少钱，会极大地影响你接下来的人生状态。收入是一件大事情。

穷人要付出的更多

挣得少，会让你付出更多，这说的不仅仅是你没有时间去海滩度假或者阅读好书。事实上，你越穷，可能就要花越多的钱在必需品上——也就是我们日常都要买的东西。

• 假设说，你爸爸的工作收入不够他买辆车，甚至可能穷到坐不起公交车或地铁，那他很可能需要走到街上的便利店买各种杂物。而同样一条的面包，有时在大卖场里卖 1.99 美元，在街角的商店里可能就要卖 3.49 美元。

• 没钱在家里添置一台洗烘一体机？那就只好去洗衣店里，花上三个钟头等待衣服洗完，这时间浪费得多冤哪。

• 如果你属于全美国 3970 万生活在贫困线以下的人群（顺

便说一句，这和加拿大的总人口差不多），那么你使用信用卡购物的费用将会高很多。低收入人士从信用卡公司申请的卡往往带有更高的利率，所以到头来他们会比那些工作更好、利率更低的人花更多的钱来买东西。（我们会在下一章深入讲讲利率，记得往下看哟！）

穷人要付出更多……

德文在餐厅当服务员，每小时挣7.25美元。德文需要工作——

20.7小时　才能买一个150美元的耳机。

5.8小时　才能买一条42美元的牛仔裤。

3.2小时　才能花23美元在电影院看场电影并买点零食。

53.8小时　才能花390美元参加去华盛顿特区的年终集体旅行。

约瑟芬娜在当地药店工作，每小时挣10.25美元。约瑟芬娜需要工作——

14.6小时　可以买一个150美元的耳机。

4.1小时　可以买一条42美元的牛仔裤。

2.2小时　可以花23美元在电影院看场电影并买点零食。

38小时　可以花390美元参加去华盛顿特区的年终集体旅行。

卡尔德在邮局兼职上班，每小时挣21.5美元。卡尔德需要工作——

7小时　就能买一个150美元的耳机。

2小时　就能买一条42美元的牛仔裤。

1.1小时　就能花23美元在电影院看场电影并买点零食。

18.1小时　就能花390美元参加去华盛顿特区的年终集体旅行。

我们来分析一下

如果你工作时薪太低，那将会大大地拖你后腿——占用你的个人时间。那些挣着最低标准工资的人，要花更多更多的时间，才能和阔佬们挣到一样多的钱。

德文和约瑟芬娜之间的工资差异，乍一看似乎不大，不就3美元而已吗？但是一旦把工作时间累积起来，差别就很明显了。以集体旅行为例，约瑟芬娜就比她的好哥们儿德文“富裕”了15.8小时。她可以把这段时间用在学习上，或者在学校合唱团排练，或者和朋友们出去玩。至于卡尔德呢？他搞到了这样一份收入丰厚的美差，显然就是财富赢家啦。

再见了，婴儿潮

“这份工作是你的了！”你的新老板一边拍着你的后背，握着你的手，一边向你宣布，“事实上，你可以拥有两份工作！甚至三份！怎么样？”

这是什么诡异的平行宇宙吗？求职者凭借神奇的说服力统治了这个世界？不，这是当下的职业市场！据某些经济学家预测，到这个时间，规模最大的婴儿潮——也就是1946年到1964年间出生的庞大人口——都将退休了。这正是你的机会，快冲进职场，抢占他们留下的职位吧。

钱不值钱啦

你和爷爷坐在一起，谈天说地，吹吹牛皮，然后他就可能聊起了他最钟爱的话题：钱。

“我还记得，当年我看球赛的时候，买一瓶汽水只要 5 美分，”他说，“而且，如果我想坐地铁去看球赛，票价也是 5 美分。”

那为什么今天在球场里，汽水要卖 3.5 美元了？其中一部分原因归根结底就是一个词：通货膨胀。当然了，还有别的原因可能导致涨价。比如说，如果一群饥饿的蝗虫在某地饱餐一顿，那么新鲜生菜的价格就有可能每千克上涨 1 美元甚至更多，因为生菜突然供不应求了，价格就上去了。但是如果谈论稳定的、长期的上涨，那么罪魁祸首通常都是通货膨胀。

每个人都应当关注通货膨胀，因为这关系到你拥有的购买力。即使你的薪水很不错，长远来看，通货膨胀也会让你挣的钱变得不那么值钱。

为了热爱，也为了钱

该死的通货膨胀。如果一碗面条、一次理发或者一块滑板的价格横竖都会一直上涨，那除非工作能带来一大笔钱，否则还有什么意义？别着急，还有一种方式可以为工作赋予价值——那就是这份工作对于你自己的价值。

还记得本章开头说的老鼠实验吗？它告诉我们，通过工作挣钱对人有激励作用。而如果你恰好喜欢工作本身，那就更好了。想一想，你在学校里最喜欢的学科是什么？数学？写作？科学？再想象一下你正在计算数字，或者写一个很棒的故事，或者进行一项很酷的科学实验，是什么感觉？这就是做一项你热爱的工作的感觉：工作就像在玩，而更棒的是，还可以拿到钱，去买东西。

很多人都愿意为了做自己热爱的事情而选择一份收入没那么高的工作。

看淡挣钱

没错，不是每个人都认为钱或者说高收入的工作才是人生的答案。就在今天下午，有个朋友向我透露了她爷爷的秘密和他对待薪水的态度。简单来说，他不那么在乎钱。或许也可以说，他远比我们都更“看重”钱。

得上更多学？

2020 年，70% 的新工作都会要求你具备某种形式的大学学历、学位或是接受了职业技术培训。

珍妮的爷爷曾经拒绝加薪，拒绝高薪工作，而只要较低收入的工作。有一次，一家公司愿意给他一份每月 3000 美元的工作。他告诉新老板，他愿意接受这份工作，但有一个条件：他们只能每月给他 2000 美元。他认定这份工作支付的工资高于他实际工作的价值，何况，他太喜欢自己的工作了，工作带给他的满足感超越了钱能买到的东西。

必须说明的是，虽然我朋友尊重她爷爷的决定，但还是觉得，如果他能把钱给她会更好！因为，谁知道呢？如果她有了那笔钱，说不定就能用来开展自己热爱的耍蛇事业了……

想要
自己创业吗
（不管是耍蛇
还是干别的）？
请看下一章。

通货膨胀

为什么通货膨胀拥有抬升物价、让美元贬值的魔力。

“我妈妈一年能挣5.2万美元，为什么她说她不能负担我的一辆新自行车？那些钱都去哪儿了？”

这是你的父母。他们都有不错的工作，你们家还有一栋漂亮的房子。这是你，正急不可耐地想要一辆新自行车。

你父母按时支付各种账单，有时候还能存下来一些钱。这不就可以买新自行车了吗？

别着急！请看最新动画片：通货膨胀！“涨了！又涨了！”

即使你家大人把各种事情都安排妥当，但通货膨胀还是不请自来，让每样东西都涨价了。为什么？怎么会这样？

每当社会上钱太多的时候，就会发生通货膨胀。为什么钱会太多？因为有时候国家会印发超量的现金来刺激经济（更多的钱 = 更多人买东西 = 更多工作）。

于是人们有了很多的钱，但那会带来新的问题。人们愿意买更多东西（以及付出更高的价钱）。但是市面上的东西没有那么多，于是商家就会涨价。

平均来说，每年的通货膨胀率在3%左右，也就是说，去年卖10美元的东西，今年要卖10.30美元。

如果你父母能在工作中获得加薪，挣的钱也增加3%，通货膨胀就不是什么大事。但是如果薪水保持不变……你们就都会感到痛苦了。

通货膨胀、税、日常开销，加在一起，就剩不下多少钱可以买自行车了。不过，嘿！你可以给妈妈做晚饭呀，比起出去吃饭，这不就省钱了吗？再说，何不买个更经济实惠的弹跳棒呢？超好玩的！

“我不是因为有钱才给人开高工资，
而是因为给人开高工资才赚到那么多钱。”

——罗伯特·博世

德国企业家，博世公司创始人

第四章

鞋店

咖啡厅

自己当老板吧，宝贝！

让兜里的钱像面团一样发酵吧。

伸个懒腰，哇——哈！ 该起床开启新的一天了。但是，怎么回事？你没有床，没有床垫，没有枕头，甚至都没条毯子铺在地上。事实上，你的早餐盘和牛奶杯全都不见了，笔记本

> 你好，我的名字是……
> **企业家。**
> 一个组织、经营企业并为此承担风险的人。

电脑也没了，所以你没法像每天早上那样，查一查今天会不会下雪。车库里的汽车和自行车呢？也消失了。

没错，欢迎来到“没有企业家的世界”。

梦想创造工作

想象一下这样一群人，他们会对自己说“嘿，我想我应该开一家床铺公司”；或者是“造微波炉的工厂？试试又何妨”。这就是企业家的想法。

再想象一下，如果他们都决定放弃自己的梦想，我们的世界会变成什么样子？

如果我们的世界不再有企业家，会发生什么事情？可能首先，我们的生活水准会比现在大幅下降。（说真的，如果没有人制造玻璃杯，你愿意用手从河里掬水喝吗？）其次，也不会有多少工作可做，还有，鉴于企业家们大多是愿意冒风险创建新行业的人，所以有趣的新工作也就会大大减少了。

不过，如果你认为企业家们都是财大气粗的阔佬，能够随心所欲地开办各种企业，那就错了。事实上，大部分企业家都要比你想象的低调得多（也年轻得多）。下面就是一个例子——

他 7 岁就成了企业家

那就是卡梅隆·赫罗尔德，“后袋”公司的创始人。这家公司位于加拿大温哥华，其业务就是帮助别的企业家了解如何赚钱。毫不夸张地说，卡梅隆对所有自己创业的人都相当热情。

讲几句!

“你不一定需要有老板，你自己就可以当老板。如果你喜欢总揽全局，如果你喜欢领导别人，如果你喜欢按自己的方式做想做的事，那就去做吧！让别人来追随你。”

——卡梅隆·赫罗尔德

他认为，很多孩子也都应该考虑自己创业，不要等明天，今天就开始。

“每一个公司——每个商店、每个饭店、每个加油站——都是由某个人创始的。某个跟你差不多的人说：‘我想要开个公司。’那为什么不能是你？”他说。

他对此是深有体会的。他从 7 岁开始就想方设法赚钱了。那一年，他游走在邻里社区间，收集人们不要的衣架，再把它们以两分钱一个的价格卖回给干洗店。他很快就收集到了几千个。

不仅卡梅隆赚到了钱，干洗店也得到了他们想要的东西：衣架。大家各得其所。

卡梅隆说：“我会告诉妈妈我出去玩了，然后就去另一条街上，一家接一家地收。”

这门衣架小生意只是个开始。等到卡梅隆上高中的时候，他已经发现了各种各样不用去打工就能赚钱的门道。他干过——

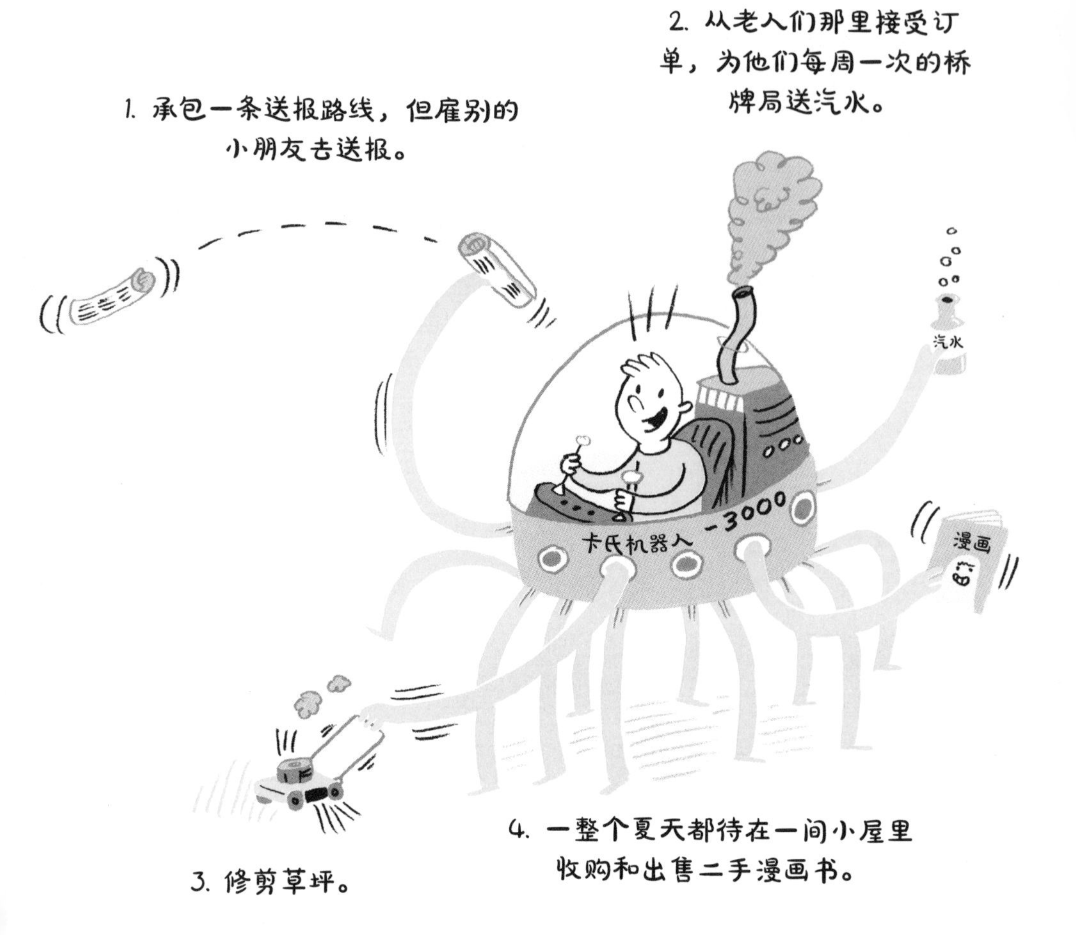

5. 在高尔夫球场收集打丢的高尔夫球，然后卖掉。（其他小孩只会在灌木丛和围栏附近找，而卡梅隆会不辞辛苦地从池塘里把它们捞上来——用脚捞。）

剖析一下这位企业家

卡梅隆很早就承认自己在学校时备受煎熬（后来他被诊断出患有小儿多动症），他记得老师曾告诫他要学会专心。但他没有照做，反而继续胡思乱想出更多新的商业点子。回顾过去，卡梅隆认为以下几点实际上帮助他取得了今日的成功：

• 在做一件事的过程中，他能从结果开始反推，清晰地看到整个过程的每个步骤。

• 在任何地方都能注意到商业机会！

• 善于领导其他同学。

• 擅长推销自己的理念。（有一次，他甚至因此而惹上麻烦，因为他成功说服一群朋友脱得只剩内衣内裤，绕着学校跑——是在二月份。）

• 公开演讲对他来说很轻松。他在上学时曾赢得全市的演讲比赛。迄今为止，他已经在 17 个国家发表过演讲。

钱可以买到快乐吗？

可以。不过，根据一项英国研究，只有当钱让我们觉得比邻居或朋友更富有时，我们才能真正感到快乐。举个例子，想象一下老师正在发试卷，你得了个 A+，真棒！可是，如果你发现全班每个人都是 A+，会怎么样？这仍然是个好成绩，但突然间并没有那么让你开心了。

很久以前，心理学家就注意到，如果钱能让我们脱离贫困，那确实能让我们更开心。这很好理解，没有人乐意受穷。但是，华威大学的首席研究人员克里斯·博伊斯说，如果你是中产阶级（钱够买食物、解决住房和一些额外花销，但算不上富有），那你只有在知道自己比另一个人更有钱时，才会感觉良好。

“如果你知道你的朋友们每年都能挣两百万英镑，那么每年挣一百万似乎就不足以让你快乐。”他说。

有运才有财

很多伟大的企业家都承认，运气——没错，就是运气——对于他们的成功有很大帮助。也就是说，你得在正确的时间，出现在正确的地方。

对这一点最深有体会的莫过于20世纪70年代的电话机研发人员。他们曾试图推广新奇的“可视电话”，换句话说，就是可以在打电话时通过一个类似于电视的装置看到对方。但在当时遇到了一个问题：没有人愿意在大早上穿着居家服或者没刮胡子就被人看到。那个时代还没有为此做好准备。今天怎么样呢？很多人毫不犹豫地拿起智能手机或者别的设备，一键就跟家人朋友“面对面”地聊了起来。同样的创意，只是换到了对的地点、对的时间。（当然，画质也更好了。）

想要搭便车？

所有这些绝佳的创意、自信的规划，甚至好运气，都不能改变一个基本事实：每一个成功的创业案例中，都包含一个核心因素，那就是勤奋工作，大量的勤奋工作。

你说什么？让工作见鬼去吧？即使是运营自己的企业也不能打动你？你只梦想着赢彩票或者撞上别的一夜暴富的大运？那你就接着做梦吧。空手套白狼式的发财往往意味着一大堆麻烦。你可以跳上那些“便车”自己看一眼，但记得握好扶手——路上会有点颠簸。

便车 1 号：偷！

什么？这看着不够真吗？

据报道，美国加利福尼亚州曾有一名盗贼被捕，罪名是试图手无寸铁地打劫一家银行分理处。他用大拇指和另一根手指比画成枪的样子，但不幸的是，他忘了把手藏在兜里。警察最终发现他坐在银行外的灌木丛里，并将他逮捕。他没有开枪……也没有拿到钱。

刹车过热……

澳大利亚的一帮匪徒偷了一台自动取款机，用卡车和铁链把这台机子拖出大楼，最终却只能眼睁睁地看着到手的猎物烧成灰烬。他们拖着它飞速逃走，但是剧烈的摩擦导致取款机和里面的现金着起火来。我打赌他们的脸也羞得火辣辣的。

便车 2 号：造假！

我不知道……

一名妇女试图在沃尔玛用一张假的 100 万美元纸币购买价值 1675 美元的商品，她告诉警察这只是一场误会。事后查明，这张怪异的纸币只是一个恶作剧礼物。（如果你还没看懂，请了解：美联储并不发行 100 万美元面值的纸币。）

这钱不那么好玩……

如果你怀疑自己口袋里有一张假币，请把交给警察，不要试图甩给下一个人，让他去为此头痛，这是犯罪。例如，加拿大刑法就规定，被查明制造、持有和使用假币的人，最高可判处 14 年监禁！

便车 3 号：买彩票！

我会中奖的……

会才怪了。即使你觉得自己手气特好，你赢彩票的概率也是微乎其微。事实上，你赢大奖的可能性比你被雷劈中的可能性还小。想要证据吗？如果一个彩票的玩法是让你从 1 到 69 中任选 7 个数，那么你中奖的概率就是 1/1078897248（没错，不到十亿分之一）。作为参照，吃牡蛎的时候吃出一颗珍珠的概率是 1/12000，可比这高多了。所以，还是把准备买彩票的钱存起

来干点别的吧。

那如果我多买几张呢……

没错，花更多的钱买彩票确实能提高中奖概率。如果你买两张彩票，中奖的概率就翻倍了吧？完全正确。但问题在这里：如果一张彩票的中奖概率是 1/1265756641，那么买两张的概率也无非是 2/1265756641 而已，没好到哪儿去。

这里有位专家！

加拿大社交活动的组织者
提昂・唐

还在八九岁大的时候，提昂・唐就知道她有朝一日会经营自己的企业。

“我就是那种一直都想摆个柠檬水摊子的小孩。”提昂说。如今她 20 多岁，生活在阿尔伯塔省卡尔加里市。“当企业家的梦想始终流淌在我的血液里。”

她现在拥有并管理着一家社交活动管理公司，帮助人们策划特殊的商业活动，也包括婚礼和生日派对。她的兴趣在于通过策划让这些活动对生态环境更友好。相关措施包括：安排新能源出租车来送人们回家，或者为婚礼聘请一位只使用本地农场种植的有机食材的主厨。这一理念深受欢迎，提昂拥有 800 多位主顾，雇用了多达 70 人的团队来完成工作。

更惊人的是，提昂是一边读着全日制大学，一边干成这件事的！她承认，有时候自己确实很忙，但仍然很高兴能做自己的老板。

“自己经营公司的好处就是，如果你对某件事感到厌倦了，你就可以调整方向，尝试其他看起来很有意思的事情！”她说。

她记得，这些年来总有些人告诉她，她还太年轻，不能自己开公司（她在高中时还开过一家制衣店），但她从不让年龄限制住自己。她建议你也这样做。

提昂说：“如果你行为得体，做事专业，那么你的年龄根本不重要。你也可以做到！”

提昂·唐的三大商业建议

1. 要有计划

不，这不是说单纯地“梦想出”一个很酷的主意，比如说制作糖衣蚱蜢，并不能算计划。（说实在的，世界上哪曾有过足够多的口味，让每个人都喜欢呢？）一次真正的创业始于一份真正的商业计划。这意味着在纸上写下你的创意，并列出如下事项：

- 你的公司将为顾客提供什么？彩色橡皮？新的电脑软件？铲雪服务？
- 你的顾客会是谁？米莉阿姨和吉姆叔叔？班里的同学？所有红头发的人？
- 有多少公司和你们很相似？竞争越激烈，越难挣到钱。
- 你跟竞争对手有什么不同？能提供 31 种不同口味的美味蚱蜢吗？
- 谁将跟你一起经营？也许你最好的朋友愿意参与进来，有的孩子甚至跟兄弟姐妹一起创业，这是真事。
- 你们将如何让公司生产产品或提供服务？
- 你们将怎么传播本公司成立的消息？换句话说，怎么打广告？
- 你需要多少钱才能让你的……呃……糖衣蚱蜢生意“起跳”呢？
- 你的公司将如何赚钱呢？这一条听起来挺像废话，对不对？但是很多人创业之初都没有想明白该向顾客收多少钱，怎么收钱。

2. 干就是了

提昂说，很多人订计划订得不亦乐乎，但也止步于此了。如果在写完商业计划后，你仍然觉得这是个好主意，请咨询一位导师（某个已经在经营企业并能给你提出建议的人），然后就纵身一跃吧！“你会感到害怕，但你需要激进一点。尝试干一些从来没有人尝试过的事情吧。”

3. 别害怕失败

没错。探索，试验，搞砸了，然后从错误中吸取教训。很多很多企业家正是通过这样的方式最终找到了成功之道（虽然不是每个人都愿意承认这一点）。“失败不算什么。如果你尝试了什么新鲜事物，那么你将能够收获一些教训，然后下一回再尝试点不同的东西。”提昂说。

便车 4 号：坑蒙拐骗！

看在上帝的分上，给钱吧……

在古代，有一些英格兰国王并不情愿抗击维京海盗的入侵，宁可花钱买个平安。这些钱被称为“丹麦税”。维京海盗越来越习惯于这种稳定的现金流，转头对爱尔兰也施加了类似的税收，对于任何拒绝或者无力支付这笔钱的人，他们的惩罚是——割掉鼻子。“花老鼻子钱了”（意思是为某样东西花了过多的钱）这种说法可能就是这么来的。

免费狗狗

谁能想到这世上居然还有“狗崽骗局”（瞄准爱狗人士刊登分类广告）和“炸弹威胁骗局”（受害者会收到一封电子邮件，声称已经在房子里设置了一枚炸弹，如果不想挨炸，就必须立刻转账付款）这些东西呢？2010 年，加拿大反诈骗中心报告说，全加拿大人每月要在诈骗犯身上损失 350 万元。

便车 5 号：零花钱！

纯粹的不劳而获

跟你开玩笑呢……你的零花钱还是没问题的。想花就花，想存就存，想怎么样就怎么样，开心就好。

还是说回正经生意吧

还在想着赢彩票吗？从某种意义上来说，你已经赢彩票了——出生大彩票！如果你是在 1995 年后，也就是互联网大潮

琪拉发现一张假币。

这是一件真事。我为写这本书而研究仿冒货币之后不久，走进本地宠物店，给我家嗷嗷待哺的豚鼠们买食物。可是，就在我甩出三张 5 加元纸币后，眼神锐利的收银员发现了问题。

“哎呀，又来一张。”她说。

事实证明，我掏出的纸币中有一张是假币——而我竟毫不知情！当然了，店主告诉我说，这是这段时间以来她所见过的最逼真的假币。这张 5 加元假币让人信以为真，因为它摸起来很像真的，只是没有在其中植入一条金属线和一个水印（这是加拿大纸币所使用的众多防伪技术中的两项）。但我还是觉得很尴尬，居然没发现这些可疑的地方。

你如果也想知道怎样才能识别假币，可以访问你们国家的中央银行网站，来了解关于假币的详情。

席卷全球之后，来到这个世界上的，你可以说是生活在了一个真正激动人心的历史时代——特别是如果你想自己当老板、开公司的话。原因如下：

今天，想要在任何类型的领域创业，都会比 20 年前便宜得多（我是说，真的便宜得多）。这要归功于技术的进步。

想象一下，你想自己创业来发售年鉴册。你和朋友们交谈过，发现你们这座小城里还没有哪所中学发行过年鉴册，于是你认定：人们会愿意为此花钱。（不为别的，光是保存下那张拍到艾丽卡吃午饭时从鼻孔里喷出意大利面的绝妙照片也值了啊！）

过去

制作一本年鉴册需要付出大量的时间、工作和金钱。你需要相机来拍摄照片，再花钱洗照片。如果你想给你的生意打广告，就需要花钱印海报，或者买报纸上的广告位。为了让项目进展迅速，你需要足够大的空间来容纳为你工作的志愿者或员工。你还要真正动手来裁剪和粘贴那些照片，做好版面设计，然后送到印刷厂去，而印刷的价格更是不菲。换句话说，如果你想创办自己的年鉴册公司，就需要大量的起始资本（这个花哨的词是指“起步用的钱”）才能让它运转起来并维持下去。

如今

你可以毫不费力地在网上找到免费或近乎免费的设计软件。数码相机基本上都不贵，也不用冲洗照片。你的整个办公室可以只包括一张写字台、一把椅子和一台电脑。只要一个成年人参与进来，就能帮你用社交网站来免费地传播信息，为你的业务打广告。与此同时，你也能用你的网站来打动顾客。至于说印刷？小宝贝，现在都是“按需印刷”啦！顾客自行订购所需的册数，支付预付款，你拿到了钱，再按照已经售出的册数印制就行了。也许，你还可以完全规避印刷这一步，不发售实体的年鉴册，而改为在线提供整个文件包呢。

我想说的就是：今天，创业已经比过去任何时候都更可行了。所以，如果你有个绝佳的主意，想要付诸实施，但又对纵身一跃感到担心，请记住：勇于尝试才是最重要的。

现在，如果你已经
亲手挣到了一些钱，
那你能拿它做什么呢？
说来说去，无非一个“花”字。
怎么花钱？翻到下一页，
我们来说说这件事。

“我完全可以多任命几位将军，
但是战马太花钱了。”

——亚伯拉罕·林肯

美国前总统

第五章

嘿，花钱得聪明点！

让你的钱多砸出点响来！

你知道这种感觉。你在商场里走着，或者随意浏览着街边橱窗，心里想着自己的事情。突然之间，当的一下！你看到某个东西正在向你招手。你毫不犹豫地把鼻子贴到玻璃橱窗上，全身上下都感到躁动——你正在憧憬着，如果能够拥有那件东西，生活将会多么美好。

看来，你已经得了严重的“我要，我就要，不要不行”综合征。

嗨，我们都知道那种感觉是怎么回事。那就直说了吧：买东西很爽。不仅仅是因为商店的布置让购物行动赏心悦目（你看这温暖的灯光，你听这悦耳的音乐），而且你回家时还可以带走一双酷炫的新鞋，或者是最新款的电脑游戏，让你体验到惊险刺激的全新境界。

再说了，花钱消费也能帮助整个经济保持健康。比如说，就算你只是买了像一包爆米花那么简单的东西，就能让——

- 种植玉米的农民赚到钱；
- 印制包装袋的厂商也赚到了；
- 别忘了把它卖给你的那个小贩，这是他的营生；
- 他有了工作，就能有钱买一双新冰鞋；
- 他买了新冰鞋，那么制作冰鞋的人也拿到了酬劳。

依此类推，一环扣一环。简单来说，如果没人花钱，各种各样的商业活动都将陷入困境，人们就会失去工作。

（不要）买到你破产

但是花钱也有弊端——特别是当你花得太多、太不理智的时候。大部分情况下，事情的关键是要对我们都患有的“我要，我就要，不要不行”综合征免疫（至少是抵抗一下）。说起来容易做起来难，对不对？来研究一下我们所面临的最严重的花销问题，我管它叫“看看我都买了多少东西”。

而用经济学家的话来说，这叫“过度消费”。

1900年，全世界人口花费在买东西*上的钱是1.5万亿美元。听起来已经很多了，对吗？

但到1975年，这个数字增长到12万亿。

1998年，又翻了一番，达24万亿。

2006年呢？已经达到惊人的30.5万亿，而且还在继续上涨！

*那么这些“东西”到底是什么？在这里，它们基本上是指我们买的一切货物——包括必要物品，比如说食物和衣服。人们不光会买很多并不需要的书籍和玩具，也会购买超出生活所需的杂物。

别打开那扇门！

我说的是你的柜门。如果你和当今西方世界的大部分人一样，那么你的橱柜和抽屉里八成也塞满了各种你已经不再穿着或使用的物件。17 件运动衫？有了。11 双鞋子？有了。堆成小山的旧玩具和小玩意儿？这你也必须得认账吧。这不仅仅是因为你已经过了穿着或使用这些东西的年龄（这确实有可能），更简单的事实是，你早就厌倦了它们，或者坦白说，从一开始你就不曾真正需要它们。这就叫过度消费，而且还在愈演愈烈。

这意味着什么呢？

数据很惊人，对不对？那么，消费金额的激增有没有可能是因为世界上的人口和货币都变多了呢？这听起来挺符合逻辑的吧？

让我们来算一算。1900 年，全世界有 16 亿人口。到 2006 年，人口数增加到了四倍多：65 亿。没错，世界上能花钱的人确实

“消费主义”和“消费”的区别是什么？

这是个好问题。消费指的是购买我们生活必需的东西：御寒的衣物、每周的食物。而消费主义关注的是我们想要的东西。比如冬天的大衣一买就是 5 件，又比如专门去买某个品牌的麦片，就因为它的电视广告看起来很酷。当你听人们谈论起北美的“消费文化”，所说的就是全社会都热衷于购买自己想要但并非生活必需的东西。

变多了，但没有多到 20 倍（1.5 万亿 ×20=30 万亿）。

更何况，在这个时间段内，世界上人口增加比较多的地方是那些相对较穷的国家，那里的人们并没有钱去大量购物。换句话说，他们并不应当为过度消费的激增负责。

根据联合国和世界观察研究所的说法，美国和加拿大占到了全世界消费总量的 31.5%，尽管两国的人口只占全世界的 5%。而南亚人口占全世界的 22.4%，消费总量却只占 2%。此外，全世界最贫穷的 20% 的人只消费了全球总量的 1.3%。

那么通货膨胀呢？难道今天很多东西不都比 100 年前贵（得多）吗？没错，价格上涨毫无疑问也对消费量的上升有所贡献。但是即便是通货膨胀的影响也不足以解释全部的增长。简单直接地说吧，北美洲人就是太能买买买了。

喜欢买东西有什么错？

没什么错，只要你不在意如下事实：按照现在的消费量，我们每天都要消耗掉价值相当于 112 座帝国大厦的原材料，才能满足全部需求。我们所有人在一起大口咀嚼着地球的资源。

事实就是，过度购买伤害的不仅仅是你的钱包——它也会对自然环境造成破坏。

很简单，算算钱吧

那么，我们是怎么走到这一步的？为什么要买这么多东西？下面我列了几个原因。

一家两份钱

当你出门上学的时候，你妈妈是否也手拿一杯咖啡上班去了？到2010年1月，据统计，全美国的工作人群中，女性的数量超过了男性。（在加拿大，这种超越早在2009年就发生了。）这是相比于1950年的一大进步，在那时，只有三分之一的妇女有工作。

正因为越来越多的家庭是由父母双方来挣钱的，也就有了更多的可支配收入。（不，小笨蛋，“可支配收入”不是指你可以扔掉的钱，而是指交完税以后剩下的钱。）更多的收入就是更多的钱，就是更强大的购买能力，前提是你家这两位挣的钱足够抵御通货膨胀。

慢着——我没有说应该去指责那些出来工作挣钱的女性。（嘿，如果我持这种观点，就不会有这本书了——至少不是我来写。）更何况，研究表明，有工作的人比没工作的人生活得更快乐。但是，这种“双收入”的现实确实影响到了我们买多少东西。

结果：家里有了更多进账意味着可以有更多花销。

全球化如火如荼

你喝的果汁是用中国的苹果榨成的；你穿的衬衫是泰国生产的，而你用的文具袋是由印度工厂的工人缝制的。也许你以为，这些产品经过全球运输才到达商店，会卖得更贵而不是更便宜，但是，如今国内的很多公司都会在其他国家开设公司，在那里，支付给工人的报酬要比你爸妈在国内挣到的低得多。

结果：东西的价格更便宜了，于是我们就买得更多了。

买单

啊，信用卡！多么诱人呀，只要甩出一张小小的塑料卡片，买杂物、剪头发、做美甲，全部搞定，真的是太方便了。但这正是问题所在。信用卡让购物过于轻松。已经有研究证实，当我们使用信用卡时，会比用现金时购买更多的东西。

结果：看来用这种塑料制品支付能消除花钱时的不适感，因为它看起来就不像真钱。

现在，既然已经知道了为什么我们能买得起这么多东西——而且我们的花销实在是有点失控了，这就来探讨下一个棘手的问题：为什么我们会买这些东西？在揭开背后的真相之前，我想先带你认识一个人。

我们还买过这个？

这里有一些真实存在的怪异产品，供你参考：

感恩节的火鸡只有一根许愿骨，你觉得太少了吗？大自然的这点小小疏忽也让肯·阿隆尼很恼火。于是他在华盛顿州西雅图市成立了“幸运许愿骨”公司，专门生产可以掰开的塑料许愿骨！

我有个主意：制作专供狗狗使用的护目镜，在线售卖！等等，已经有人这样做了。“狗目镜”公司正在向你发售犬用眼具哟。

说到狗，有人真的会花钱买狗毛制作的丝滑大衣呢。据爱好者说，狗毛编成的纱线（也就是“狗毛线”）既保暖又防水。你确定穿着它淋雨之后，不会想剧烈扭动甩水吗？

125 美元一块肥皂？这是银子做的吗？还真是，“科尔”银肥皂里真的含银。制造者声称它能够杀灭细菌，让肌肤更显年轻。（嘘！悄悄告诉你：正常的清洗和每天抹防晒霜也有这种效果。）

不理性的所作所为

不管白天还是黑夜，他都讲究逻辑，遵守理性！不管什么情况，他只考虑他自己！他绝不允许自己的感觉、情绪甚至身体上的痛苦阻碍他达成未来的经济目标！这位面目不清的经济超人到底是谁？

他就是“理性人”——当传统的经济学家想要推断人们将如何决策时，都会求助于他。听起来挺棒的，不是吗？

只有一个问题：他并不真实存在。

是谁说“理性人”并不存在？

嗯，事实上，全世界每个行为主义经济学家[1]都这么说。大部分传统经济学家认定人们是理性的，总会做对自己最有利的事情——累了就去睡个够，低价买入高价卖出，挑选最美味的汽水。而行为主义经济学家只认定一件事——

人类是一种复杂的生物，经常会做毫无意义的事。究竟谁对谁错？让我们来看看事实依据。

人类奇怪行为举例 1

来，尝尝这个……

一群研究者来到加利福尼亚州的一家杂货店，摆了一个品尝摊。某一天，他们摆出了 6 种不同的果酱；另一天，他们摆出了 24 种不同的果酱。

在摆出 24 种果酱摊那天，摊位前人头攒动。这么多种颜色！这么多种选择！但是，不同于经典经济学理论所声称的“选择越多，对消费者越有利”，

当天只有 3% 的人真的买走了果酱。而在摆出 6 种果酱那天呢？多达 30% 的品尝者选定一罐果酱去了收银台。

太多的选择并不是好事，反而会让人困惑。

---

1 不同于新古典主义或古典主义经济学家，新兴的行为主义经济学家更像是经济学家和心理学家的混合体。他们关注人类的行为，并试图理解人们怎样对待金钱。——编者注

人类奇怪行为举例 2

家，我的小家

会让我们在通常不需要的时候伸手掏钱的，并不只有果酱。各种各样的非必需品都会让我们手痒。比如在已经有 12 件运动衫时还想再要一件。也许是一副新的耳机，即使原来那副仍然能很好地播放歌曲。还有那栋带 4 个卧室、5 个卫生间的豪宅。什么情况？难道家里的每个成员（包括狗在内）都需要自己的卫生间吗？

事实证明，大部分人甚至并不真的想要那么大的空间，至少在内心深处是不想的。这是滑铁卢大学的实验心理学家科林·艾拉德通过一个实验发现的事实。他让一些买房者和地产经纪人戴上虚拟现实面罩在一个学校体育馆里走动。

这个面罩内设定好了程序，可以让人感觉到自己是行走在三栋不同的房子里：一栋出自著名建筑师弗兰克·劳埃德·赖特之手，一栋是舒适而较小的房子，还有一栋是全新的巨无霸豪宅。在虚拟巡游结束后，参与实验者将回答一系列问题，从而揭示出最喜欢哪栋房子。

虽然很多人认为那栋巨大的、一看就富得流油的房子将会最受欢迎，但并非如此。相反，那栋小而舒适的房子才是毫无疑问的赢家。

科林说："让你感觉舒适的并不是房子的体量，而是布局和设计。"

那为什么人们依然建造了那么多显然大于典型家庭需求

的新房子呢？请记住，我们常常认为“更多就是更好”。还有，千万不能忽略“周围人的压力”这件小事。如果看起来每个人都在抢购巨型豪宅，你怎么可以落后呢？当然不行了——即使这意味着你需要支付太多太多的钱，来购买你并不真正需要（甚至并不想要！）的房间和面积。

不看疗效看广告

这么看来，我们的购买习惯实在有些古怪，甚至是情绪化。不然，你要怎么解释，当你爸爸工作得不顺心时，就会带一大桶花生碎冰激凌回家？

还有一点，在搞清楚我们为什么花钱这件事情上，虽然传统经济学家们有一点迟钝，但广告商们可早就钻进我们的脑子，看个一清二楚了。

人类奇怪行为举例 3

请接受品尝挑战

给你布置一点家庭作业吧。登上视频网站，找一条旧电视广告，就是人们蒙着眼品尝可口可乐和百事可乐的那条。主要内容是这样的：在不知道哪个是哪个的前提下，勇敢无畏的品尝者们尝试了两种可乐，最终宣布百事是赢家。这是一条引起轰动的广告，似乎在世界各地播放了很长很长时间。事实上，这

条广告没有说谎。几十年来，一直有报道称，相比于可口可乐，人们更偏爱百事可乐的口味。然而，可口可乐就是在全世界卖得更好。早在2004年，它的全球销量就达到了45亿箱。而自那之后，在墨西哥、巴拿马、罗马尼亚等国家，销量继续大涨。

你是不是想说，这没道理啊！确实没道理。还记得70页上的“理性人”吗？如果我们真的都像他一样，那就会确定到底哪种可乐口味是我们最喜欢的，然后只买那一种。

这是怎么回事呢？这就需要进入“神经营销学”的领域了，这是一个科学与广告学相交叉的全新领域，用最尖端的脑科学研究方法来搞清楚到底是什么促使我们花钱。可以说，这是一个科学研究的“新品牌”。

听起来怪吓人的

别紧张，制作这些广告并不会真的伤害大脑。实际情况是，在一场可乐品尝测试中，一名美国研究者让大约70位志愿者连接到一台特殊的机器上。通过这台机器，可以看到当人们饮用可乐时，大脑的哪个区域做出了反应。百事可乐再次轻松获胜，因为它让更多的大脑在电脑屏幕上做出了“这感觉真爽”的反馈。

但是，当研究者露出可乐的标签后再重复实验时，情况发生了变化：突然之间，一群原本偏爱百事可乐的饮用者投入了可口可乐的阵营。这一次，大脑中的思考区域被点亮了。

这项经典的研究证明——后续也被其他神经营销学研究所证明——品牌具有极其强大的力量。事实上，即使我们并不真正喜欢某种产品的味道、触感或外表，品牌的力量却大到足以让我们依然选择它。

我们真正喜欢的是：想象我们自己享用这种东西的感觉。

“品牌”意味着什么？

闭上眼睛，默默对自己说出以下词语：苹果、古驰、锐步。注意到了吗？这些词语忽然之间变成了你头脑中的一幅幅画面。广告商们花费了巨量的时间和金钱，为一些数码产品、皮包和跑鞋赋予一个个完整的故事，希望我们能对这些故事感同身受。

因为，如果关于产品的故事触动了我们心灵深处，我们就更愿意乖乖掏钱买它。

重要的是让你知道

明白了这一事实，就不难理解广告商们为何把品牌的标志打在各种东西上，从铅笔到巨型条幅。因为他们知道：人们只买自己认识的品牌。

举个例子，这是在美国斯坦福大学进行的另一场品尝测试。他们给一群孩子相同的炸薯条和炸鸡块，但装在不同的包装盒里。结果，装在麦当劳包装盒里的食物获得了最多的认可。请记住：相同的食物，只是换了一个大家都认识的品牌——一个数百万人都喜爱和信赖的品牌。这种对于品牌的感觉影响深远。

数钱 = 感觉坐拥百万巨款

信不信由你，钱带给我们快感，并不只有花钱这一种方式。来自不同国家的研究者都发现，光是想着钱，拿着钱，就足够让我们感觉良好了。

在一项试验中，研究团队要求一些人数 80 张面值为 100 美元的纸币，另一些人数 80 张不值钱的纸。之后两组人玩了同一个电脑游戏，而这个游戏故意设计得让玩家感觉很糟糕，结果，那些数了真钞票的参与者相对来说情绪更高昂一些。

不仅如此，甚至在把手指头用力插进热水并保持 30 秒后，据说他们感觉到的疼痛也更轻微一些。妈呀！

小屁孩，我们爱你

很抱歉由我来告诉你这个真相：广告商们吃定了你们，图的就是你们的钱。年龄介于 6 到 17 岁之间的孩子（在美国怎么也有 5000 万吧）拥有可观的消费力。这不仅是因为美国小屁孩们——我也不喜欢这个称呼，咱们忍忍吧——平均每周都会带着 11.15 美元的零花钱四处晃荡，而且他们的父母也喜欢给他们买东西。

很难确定这笔花费到底有多少钱，因为有好几个不同的统计数据。其中一家公司在报告中说：

- 小屁孩们自己花掉 290 亿美元。
- 他们的家长又另为他们砸下近 1300 亿美元。

女孩子们尤其受到广告商和营销人员的青睐，因为她们自己最会花钱，也最擅长撬开妈妈们的钱包。事实上，有些专家说，女孩子是自婴儿潮以来最具有消费力的群体。过去十年来广告业的变迁也反映出了这种消费人群上的转变，一大群新的广告公司脱颖而出，声称拥有把女孩子之间的闺房密语转化成“生意经”的魔力。

看看这些书名：《年轻而强大的购物机器：从数十亿美元的小屁孩市场里分一杯羹》，或者《孩子们在买什么：青少年营销心理学》。不管你对此持什么看法，广告商们总能一眼发现商机所在。

这种高度关注已经催生了专门以你们为目标的商店和服务，比如“小熊工作室”“自画彩陶”“美国女孩”等新兴的零售商。与此同时，针对市场上日益高涨的青少年“第一部手机”浪潮，迪士尼和尼克国际儿童频道等对孩子们极具吸引力的公司已经推出了专属铃声。

那么，专门生产供孩子们购买的东西真有什么错吗？从某些方面来说，当然没有错。毕竟，谁愿意穿得老里老气呢？

问题在于，广告商们关注的不是为孩子们制造商品，而是向孩子们售卖商品。而有些时候，广告商们所售卖的，无非是一些虚无缥缈的概念。

爱贴什么标签就贴什么标签

就以衣服上的标签为例。这些标签具有强大的魔力，因为广告商们花费了大量时间、精力和金钱来确保它们能“讲故事”。还记得你在前几页读到的关于品牌的内容吗？一样的意思。很显然，有些故事就是比别的故事值钱。

你被持久不息的占有欲附身了吗？

上个星期，你想要一辆新自行车；这个星期，你时刻惦记着那条电视广告。欢迎来到“想要—花费”的循环怪圈——经济学家称之为“享乐主义跑步机”。它的表现形式是这样的：

- 你确信你非常非常想要那件新 T 恤 / 那张海报 / 那个数码小玩意儿……
- 你终于买下了它（或者经过死缠烂打、软磨硬泡，终于说服老爸掏腰包了）。
- 你好激动！好开心！但是……
- 不到一天、一星期或者一个月，这种兴奋感就消散了。
- 你感觉空虚。你想再买点什么新东西，好重温那种激动开心的感觉。
- 这回你确信真正想要的是那件新运动衫，或者是去迪士尼乐园玩，或者是一块可以变身为机器人的超酷手表。
- 怪圈继续循环……

这里有位专家！

美国“成功配方”基金会
格雷西・卡夫那

她曾当过模特、建筑师、商人，也是一位母亲。但是，一篇报纸上的小小报道完全颠覆了格雷西・卡夫那的生活，将她引向一个全新的方向。这篇 1996 年的报道提到：美国得克萨斯州的学校即将引入爆米花机，曾经从事多年营销工作的格雷西意识到，她必须阻止这件事。

“那些垃圾食品制造商们想干什么勾当，我一清二楚。”她说，“俘获一个 5 岁小孩的心非常简单。如果你从 5 岁时开始喝百事可乐，那么你到 50 岁都会一直喝百事可乐。等你长大一点，如果可口可乐想要说服你改变偏好，就得花上一大笔钱。而拴住一个 5 岁的孩子简直毫不费力。”

如今，她不仅在说服学校餐厅停止供应含糖饮料，而且通过运营“成功配方”基金会，教育孩子们如何自己种植、烹饪食物，并吃掉自己生产的食物。她还建立了“希望农场”，这个占地 40 公顷的有机农场位于休斯敦市中心，是全世界最大的城市农场！

她说：“我们竭尽全力来增强孩子们的‘味蕾自主’。”不要可乐，也不要广告。

让我们比较一下两条牛仔裤吧

你怎么想？更贵的那条牛仔裤更酷一些，对吗？它的做工可能也更精良。可是如果我告诉你，它们是同一家工厂生产的，使用了完全相同的材料，连生产的工人都是同一批人呢？唯一的区别就是缝在背后的标签。（很显然，这个标签值 55 美元，没错，55 大洋。）

这是真事。我曾经在一家略显奢侈的服装店工作过，这家店向女孩和成年女性售卖内外衣物。店里有温馨的灯光、漂亮的装修，还有众多员工为顾客们提供帮助。事实证明，这家店里售卖的一些衣物，和商场里的其他店面完全相同。如果摆在一起，你根本就看不出来区别。你需要翻看领口的标签，才能搞明白某件外套来自哪家店铺。

当我第一次发现有件上衣存在这种情况时，简直不敢相信自己的眼睛。在大厅深处的一家平价衣物店里，这件上衣要卖得比我们家便宜大约 30 美元！这里面有什么秘诀吗？

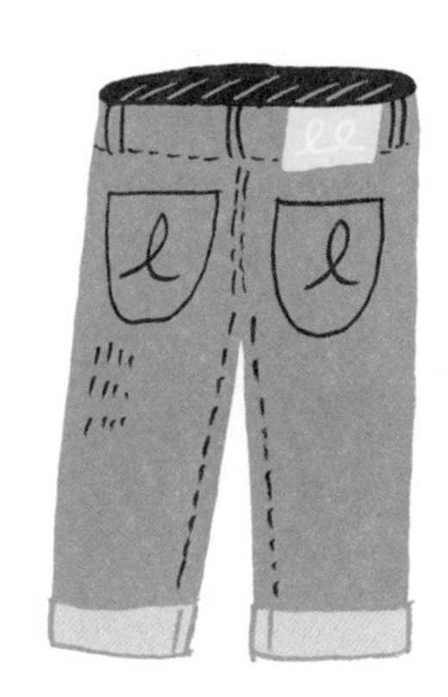

牛仔裤1号
购于：折扣服装店
花费：32美元

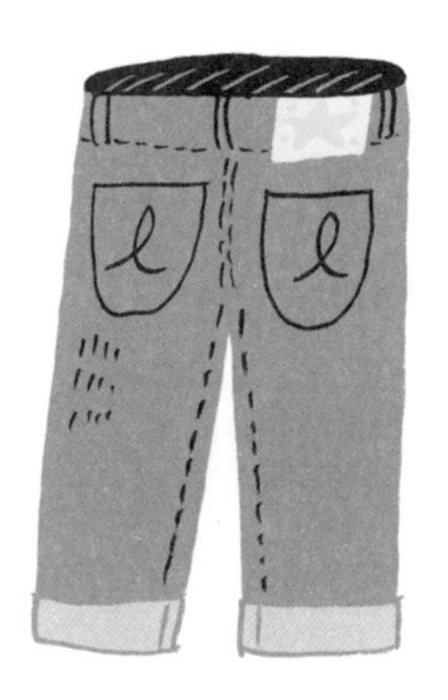

牛仔裤2号
购于：超酷成衣店
花费：87美元

事实证明，当我们店的采购员（这些人决定了店铺每季都销售哪些衣物）去进货时，往往和别家的采购员去找相同的经销商或工厂。有时候，他们会选中相同的上衣、裤子或其他商品。然后，在很多情况下，店家会付费给工厂，让工厂贴上自家的商标，再发货到自己的仓库。

扮酷的成本

那么，服装公司到底是怎么确定该卖 32 美元还是 87 美元的呢？简单直接的答案是：我们愿意付多少钱，他们就试图卖多少钱。有的时候，这一策略奏效了，不管卖多贵，货架上的商品都抢购一空。（还记得苹果的 iPad 吗？）还有的时候，这一招不管用，商店就会对这些商品降价促销。

不过，在定价决策上，还是有很多不同因素需要考虑的。

覆盖住成本

也许这家公司付给员工的薪水比同行业的其他公司要稍多一些，并且为员工提供很多培训，又或者花费重金让店面看起来更美观。为了支付这些成本，他们可能需要提高价格。与此同时，他们也知道，如果改良灯光让店面显得整洁亲切，顾客们也会更青睐他们的产品，更愿意为之付钱。

更贵 = 更好？

但另一方面，价格本身也是一种因素。事实证明，很多消费者认定，价格更高的产品一定比低价的产品更好。这是一种怪异但有效的循环论证："你卖得更贵，他们就会付得更多，所以你可以卖得更贵。"（我知道这让人头疼，我也一样。）

大人们也一无所知

如果你父母今晚在饭桌上开了一瓶酒，那么就会遇到同样的问题。已经有很多研究表明，比起便宜的酒来，人们并不必然就更爱喝贵的酒——人们自以为如此，只是因为那种酒更贵。事实上，有一项研究调查了 6000 次盲测品尝的结果，发现平均来说，人们对高价酒类的喜欢程度反而略低一些！

由加州理工大学和斯坦福大学商学院开展的另一项研究，调查了成人饮用两杯酒时的脑部扫描图像。被试者以为其中一杯酒价值 90 美元而另一杯酒价值 10 美元，研究者观察了他们品尝每一杯酒时大脑愉悦中心的活动情况。但他们不知道，自己喝的实际上是同一瓶廉价酒。当他们饮用"贵的"那杯时，更多的血液和氧气涌入眶额叶皮层内侧，一个参与了大脑决策的区域。这表明他们在更仔细地品味它，寻找那种美好的风味。但是实际上，除了想象中的价格，这杯酒和另一杯酒毫无区别。

钱花在刀刃上？

那么，这一切到底意味着什么呢？买买买本身就很爽吗？当然了，我也很喜欢。

但是，当你再一次站在收银台前，迫不及待地想要跟你的一部分钱告别时，好好想想你在花钱买什么，为什么要买，这将对你很有益处。也许你会发现，还有其他更值得花钱的东西。

好了，如果你已经
是一个“聪明的花钱者”，
那就让我们“刷”向
第六章吧。（没错，
这句话是个提示。）

“我得说，
我这辈子最大的困难就是……
钱。要实现所有这些梦想，
需要花很多钱。”

——沃尔特·迪士尼
迪士尼公司创始人

塑料人生

花虚拟的钱，这事听着就不靠谱，为什么？

因为那家商店想卖给你一双 300 美元的鞋子，并不代表你就有钱买它。真扫兴，对不对？那如果有个朋友愿意借钱给你来买，你只需要承诺还钱呢？你会答应吗？

好了，如果愿意借钱给你的不是一个朋友，而是一家信用卡公司呢？而且，你在还钱的同时，还需要支付一种叫作“利息”的东西，怎么样？

听起来还是很不错吗？在你点头同意之前，请先了解一些

债务

你欠某人或某些机构（比如说银行）的钱，通常是因为你曾经向他们借了钱。

关于“信用”的事情。

“妈妈，我可以拥有一张信用卡吗？”

先别着急。虽然你走到哪里都能看到人们掏出塑料小卡片刷刷刷——商场里，饭店里，网上，甚至是飞机上——似乎人手一张，但是信用卡也确实有可能会造成巨额的欠款。在我写作这本书的时候，全美国的公民已经欠下了高达 2.45 万亿美元的消费债务！

聊聊利率，有兴趣吗？

信用卡债务失控的一个主要原因可以归结为“利息”。这是信用卡公司——更准确的说法是“发行人”——向你收取的费用，因为他们把钱借给你了。如果他们给你的利率是 15%，而你花了 100 美元买那些漂亮的金鱼、滑板或是新项链，又没在年底按时还钱，那你就要多付出 15 美元。

提问：第一张广泛使用的信用卡是用什么做的？

A）纸

B）塑料

C）纸板

D）布

答案：C）纸板。1950 年，大来俱乐部（大来信用卡公司前身）发行了第一张信用卡，可以在纽约市的 27 家餐厅使用。一年之内，近两万名美国人的钱包里都有了这张卡。快进到 2009 年底，全美国已有 5.764 亿张（塑料）信用卡，并被使用了超过 200 亿次！

替他们说句公道话

当然了，如果我们没有按照承诺按时还钱，信用卡公司的确应该向我们收取某些费用。毕竟，他们在借出资金时，是承担了风险的。这很公平。

复利滚起来

但是，信用卡费用的问题在于，发行人并不会简单地只在年底收取一次利息——每月都收，而且收的是复利。

（现在请深吸一口气。这个所谓的“复利”并没有它看起来那么复杂难懂。）

还是以刚才那 100 美元为例。它每月的利息是 1.25 美元（年利息是 1.25 美元 ×12=15 美元）。但如果按复利计息，那么下个月你需要支付利息的基数就是 101.25 美元了。虽然看起来只是多了块儿八毛的，但时间一长，累积的利息就不是一笔小数目了。

可是老爸每次都只付最低还款额

信用卡发行人一定爱死他了。他就是他们的完美客户。他每次只按时偿还一部分贷款（或者叫本金），同时却要支付大量利息。有多大量？如果他借了 5000 美元，每月只按 2% 的最低还款额支付，他将需要花 32 年才能还清这笔债务！不仅如此，他支付的总利息将高达 7789.56 美元。最终，你们家将为这笔 5000 美元的借款付出 12789.56 美元。用债务术语来说，这就叫利滚利，俗称“驴打滚”，也就是你老爸的债务在周期性地不断滚动增加——从而让信用卡公司源源不断地赚到钱！要避开这种疯狂的命运，他每个月应该偿还更大的比例。但是，他即使确实提高了还款数额，也依然生活在负债之中。“债”，简简单单一个字，却足以让你、我乃至整个国家都不得安宁。

什么是“信用评级”？

给你贷款的机构是如何知道你不会拿了钱就逃之夭夭呢？当然不可能完全确定，但他们可以核查你的信用评级或信用分数，从而评估你还钱的可能性。

信用评级是由复杂的统计学信息构成的，这些信息采集自你此前获得的所有贷款。如果你之前都按时还贷，你的信用分数就会上升。如果你不偿还贷款，或者还款逾期，你的分数就会下降。

在加拿大，信用分数在 600 到 900 之间浮动。低于 650 分就会被认为是“糟糕的”，你将很难再获得一笔贷款。如果你得到 750 分或更高的分数，你的评级就是“优秀”。

先买，后付款

欠债有时候是好事。几乎每个人在一生中都早晚要欠下某种债务，因为总有需要买下很贵的东西而无法立刻全额付款的时候——比如说一栋房子，或者一辆车。大部分人都能在一段时间之后偿还这笔贷款。但是如果我们不够小心谨慎，债务就会成为一种沉重的负担。在那种情况下，整个家庭都会挣扎在债务的旋涡中，想要挣脱出来是非常困难的，有的人不得不宣告破产。

很显然，这样的事情未必会发生在你身上。想象一下，你打算去上大学，但是却没有足够的钱，因为你需要支付学费和书本、住宿、餐饮等各种费用。你可以申请一笔教育贷款。（只需要咨询你们学校的顾问去哪里获取申请文件，或者如何在线申请。你也可以直接去找你喜欢的银行。整个过程非常简单常见。）这种就是所谓的“良性债务”，因为它最终将帮助你找到更好的工作，获得更丰厚的报酬。长远来看，接受这份教育带给你的收益会更多。

只需要提醒你一点：请按时偿还你的教育贷款，否则你将会严重地得不偿失。如果你毕业后没能马上找到工作，请去找银行谈一谈。在某些情况下，他们会宽限你的偿还时间，从而让你获得一点喘息的空间。

去付首付吧

有的时候，人们需要贷款的数额很大，并不会借到所需支付的全部资金，而是需要先拿出总价中的一部分，这就是首付。

举个例子，如果你要买一辆 1.7 万美元的车，你可能需要先付 5000 美元的首付，然后剩下的 1.2 万美元以贷款形式支付。很显然，首付的比例越高，还款压力就越小。

你太差劲了，这真是件好事

显然，如果不认真对待信用卡和贷款，结果会有点吓人。那就让我们假定你是个聪明人。你从来都是全额、按时还款！你将成为完美客户，对吗？事实上……在美国乱象丛生的信用卡行业里，像你这样的优秀客户会被认为是“差劲”的。

什么？

你这么想：那些备受钟爱的“驴打滚”客户欠下一大笔钱，付很多利息，但又不违约（也就是没彻底停止还款），跟他们相比，那些每个月都付清全部账单的人简直就像是灾难！他们借钱，却从不用付利息。没有利息，信用卡行业的人就没有钱赚。而别的信用卡公司可以查看到这种极佳的还款记录——也就是信用评分，所以当这些富有责任心的人试图再办一张信用卡时，可能收到的答复会是：“没门儿！”可见某些信用卡公司的狼子野心。记住：任何时候不要动摇做一个富有责任心的人的决心。

我愿意支付任何代价

研究者发现，当人们使用信用卡购买篮球赛门票时，会愿意支付用现金时的双倍价格。用信用卡花钱的感觉就仿佛花的不是真钱。此外，还有很多情绪化的原因，也会导致我们过度花费。

- 我们可能想让自己看起来像别人一样酷。
- 我们会觉得无聊。
- 得到新玩意儿总是很有意思。
- 金钱就是力量，花钱让我们觉得自己强大！
- 可能我们很有钱，所以就花呗，有什么大不了的?
- 我们手头时常拮据，一有点钱就想花。

不管是为了合群，为了感觉良好，或者仅仅是想奖赏自己、稍微放纵一下，信用卡都会鼓励我们甘愿冒一些风险。而如果只能用现金支付，我们通常就会变得谨慎而不愿冒险了。

信用卡 + 好时机 = 洗个泡泡澡?

虽然信用卡有可能将一点点小债务变成大问题，但实际上真正拥有糟糕信用评级的人很少。大部分人的评级都是“优秀”。事实是，虽然负债累累是很常见的事，但大部分人还是知道自己的极限在哪儿，不会花的比挣的还多。

但是有的时候，即使头脑最冷静的家伙也会举债，特别是当所有人都在大把撒钱的时候。在历史上，曾有一些堪称“绝妙”的时光（也就是泡沫时期），人们像疯了一样挥洒金钱——最后通常是落得钱袋空空。换句话说，人们像洗澡一样被洗劫一空。下面就是几个例子。

郁金香惨剧

让你见识一下“花的神力”。

从1620年到1637年，荷兰人狂热地追捧郁金香。专业的郁金香交易商迅速把花价炒到数千金弗洛林（一种硬币）。被这股狂潮裹挟的人们卖掉房子、马匹和马车来抢购郁金香球茎。农夫、女仆和烟囱清扫工辞掉工作去买球茎，期望能在之后价格更高时卖掉。但是，1637年，泡沫破灭了，那些曾经为郁金香挥金如土的人最后穷到吃土。

南海公司沉海底

来，我帮你付钱——但代价是……

由于卷入西班牙王位继承战争，英国负债累累。幸好，南海公司同意资助这笔债务，但有两个条件：英国人得付利息，南海公司得以独家垄断与西属美洲的贸易。对于普通人来说，把钱投进这样实力强大的公司里似乎是非常保险的选择。但出了一个问题：到1720年，南海公司损失了全部船只……人们投在这家公司里的全部资金也都沉到了海底！

育空差点成黄金城

“在这片土地上，连街道都仿佛镶着金边……”

1896年8月16日，三个眼神锐利的男人在加拿大北部的育空河里发现了几块金矿石。第二年春天，消息传出，短短一年内，几万男女老幼涌入这里淘金。这些拓荒者被称为“酸面包”，夏天要驱赶成群的虫子，冬天则要忍耐恐怖的严寒和雪崩。结果如何呢？到 1898 年，除了最初的少数人发了财以外，绝大部分淘金者都走了——并没有找到金子。

大萧条，真萧条

对经济体系的沉重一击。

在经历过惨烈的第一次世界大战后，20 世纪 20 年代的人们沉浸在兴奋之中。到处都是崭新的科技——无线电、更先进的汽车……人们普遍感到生活幸福，此时不投资股票市场，更待何时？但是，乐观主义并不能永久持续。当股价开始下跌时，一部分人惊慌了，抛售他们投资的股票。然后更多的人开始跟进抛售。1929 年 10 月 29 日，股价像落石一样直线下跌，人们的投资瞬间蒸发。大萧条开始了。

这并非高科技

只要我在名字里加上“电子”两字，人人都会来买！

20 世纪 90 年代中后期，全世界都在痴迷于各种科技公司。今天我们所熟知的互联网当时刚崭新亮相，大量的人想要把钱投给会成为下一个谷歌或易贝的公司。问题在于，人们并不知道哪个公司会脱颖而出，于是一知半解地就把钱扔进了形形色色的所谓“科技公司”里。到 2000 年，现实砸醒了人们，大部分科技公司都发展缓慢，甚至倒闭——高科技浪潮的泡沫破灭了。投资了这些失败公司的人血本无归。

豪宅成泥潭

我比我以为的更有钱！

房地产泡沫发生过一次又一次，但2008年这次可以说是完全失控了。在那之前一段时间里，金融行业提供了快速而宽松的贷款——任何一个人都能轻松借到一大笔钱去买房，只要他们愿意花30年、40年甚至50年来偿还贷款和利息（这远远长于更早之前通常执行的15至20年还款期）。当这么多人手里多了大把现金，房价飙升直冲天际，而人们还在继续不停地买房。最终，太多太多的人无法偿还按揭（贷款），整个房地产行业都完蛋了。

所有这些事件有什么共同之处？

一言以蔽之：过度乐观。

假如说现在有一个杯子，里面有半杯果汁。如果你是一个乐观的人，你大概会说这个杯子已经满了一半。而悲观一点的人则会说杯子空了一半。那么过度乐观的人会怎么样呢？他会告诉你：杯子不只是满了一半，他确信马上就会有人过来把杯子倒满！

不知是什么疯狂的缘故，我们真的很难从过去的错误中吸取教训。我们会想："大萧条？嗨，那都是1929年的老皇历了！咱们是在奔向未来的新时代，情况已经完全不同了！"你猜怎么着？也许我们穿的衣服、听的音乐乃至在学校吃的零食确实已经改变，但是在轻易欠下巨债这一点上，我们这副熊样还真是一如既往，甚至更胜一筹了呢。

不管我们生活在哪个年代，经济泡沫的产生都是源于过度乐观的人认定大好的机会已经出现在地平线上。他们认为，自己今天买下的东西会在明天变得更值钱。

从潮起到破灭——轻松5步走

1 某个周一，你班上的一个同学带来了一袋玻璃球。当课间休息结束时，他的小伙伴们都觉得这些小玩意儿棒极了。

2 第二天，这些小伙伴也带来了自己的玻璃球。突然之间，这些小玻璃球仿佛比过去更值钱了。

3 到周三时，全班都参与到这场玻璃球大流行中来。有的人拿出零花钱，想要出钱买玻璃球。一颗普普通通的“猫眼珠”卖到了两美元！所有人都在担心，如果今天不出手买入，明天的价格可能会更高。

4 最终，所有小孩的零花钱都花完了。玻璃球价格开始下跌。但现实情况是：第一批玻璃球追捧者们赚到了钱，因为他们没花多少，但所有在本周后半段花高价买入的人，都亏损了大笔钱财。

5“玻璃球狂热泡沫”正式破灭。

“买什么”也是一种影响力

寻找对其他人和这个地球大大有利的好买卖！

更好的汉堡： 在家自己做汉堡，就从本地的肉铺买肉。花的钱和你在麦当劳、肯德基等大型汉堡连锁店买汉堡的钱差不多。附近的农户会感谢你的。

来路正当的地毯： 想给你的房间配一块新地毯？请认准“好织物”标签。要想获得这一认证，地毯进出口商需要承诺不雇用14岁以下童工，并向成年工人支付合理薪酬。据专家估计，自该项目于1995年启动以来，南亚地毯行业的童工数量已经从100万减少到25万。

“自制”瓶装水： 渴了吗？不要去买瓶装水，自己拿个可重复使用的瓶子灌水吧。这样不仅能减少垃圾填埋场里的瓶子数量，也能帮你省钱。按照每日推荐饮水量计算，如果买瓶装水，一年要花掉你1400美元，如果是“自制”的瓶装水呢？大概50美分吧。

便宜衣物代价高： 那双9美元的鞋子看起来很划算……但是制造它的人很可能不这么想。为了制造廉价产品，难免会有人偷工减料。

“油老虎”快走开： 英国人花在汽油上的钱要比北美洲的人更多。为什么？因为要交税。虽然成年人总是在抱怨交税，但是如果没有税收会是什么情况呢？税收换来了道路、公共泳池、图书馆和种在住宅外面的树木。含税的汽油价格更高，但它也带来一个好处：因为欧洲人要花更多钱买油，所以汽车公司就造出了更省油的车型。

只求公平： 你受邀参加最好朋友的生日会，却不知道送什么好？可以去逛一家公平贸易商店，这样的商店在全世界有几百家（也可以上网，让你的父母和你一起研究那些虚拟货架）。这种商店的进货来源是小型企业和合作社，在那里，雇员们会得到良好的待遇。你在给朋友买礼物的同时，也为另一个人送去了礼物：公平的劳动所得。这个人可能在地球的另一边，也可能就在你家附近。

小户型才是王道： 想用你家的钱给世界带来大改变吗？住小一点的房子吧。想一想这样能节省多少能源和原材料，比如木材、砖块和玻璃纤维。更小的空间也意味着买更少的家具——需要整理的玩具也更少！

如何克制挥霍的冲动

现在我们已经知道，过度花费会给家人、朋友甚至整个国家的经济带来重创，那么，怎样才能阻止我们挥霍好不容易挣来的辛苦钱，或者滥用信用卡购买实际上并不需要的东西呢？

诈骗不是闹着玩的。

不久之前，我接到一个来自信用卡公司的电话，对话大致如下：

“您好，琪拉。我们就想核实一下：您最近在沙特阿拉伯买了什么东西吗？”

“没有啊。”

“我们也是这么想的。现在我们已经冻结了您的卡片，会给您寄一张新卡，卡号也是新的。”

原来，是有人设法盗取了我的信用卡号，然后试图用它在中东买机票，还在欧洲付物业账单。我的卡可算是见了世面了！幸运的是，信用卡公司雇用了一些聪明人，他们每天的工作就是努力对付坏人——也就是骗子，那些试图获取你个人信息的人。

那么，有什么好办法能挫败这些信用卡窃贼呢？（你还没有信用卡，那你也得留意啊——有朝一日，这些窍门会帮你省下大量的钱财，更会免去悲愤欲绝的体验！）绝对不要，我是说绝对不要把你的信用卡号告诉电话营销人员。在外面消费时，要遮挡你的卡片，以免有人用手机偷拍卡号。最后一点，只在你信任的网站进行线上消费。（换句话说，请先向你父母确认。听起来不够酷？等你被大大地洗劫了一笔，你才知道什么叫不够酷……）

小窍门 1 号

多想些小事情。研究显示，如果我们被要求关注自己钱包里的现金而不是银行账户，花的钱就会少一些。你家的小猪存钱罐已经满了？来，请跟着我说："这不是真的。"

小窍门 2 号

发挥想象力。每次当我蠢蠢欲动想要购买什么新的小设备、小玩意儿时，我都会使用这一招：想象它已经放在我家，闲置不用，落了一层灰。嘿，反正这本来就是它最有可能的归宿。

小窍门 3 号

"可是每个人都买了啊！"即使学校里人人都在抢着赶上本周的最新潮流，也不要相信这种炒作。很有可能的是，还有更多的孩子没有加入这股热潮。仔细算算吧，你会感到惊讶的。

信人不如信己

你现在知道了，信用卡能帮你大忙，也能给你惹上大麻烦。也许，该把这一切都先放到一边，试试——你猜怎么着——自己来存点钱了！没错，这想法听起来太疯狂了。我们早就习惯于"看上什么东西，买下来，晚点再付钱"这种模式了。但是，正如你已经读到的，有了信用卡以后，有些人为了买东西可是付出了种种惨重的代价。

翻到下一章，
了解一下为什么存钱
能让你保持盈余，
甚至帮你买下真正
需要的东西。

经济泡沫！

为什么我们花出去的钱能让整个世界走向疯狂？

“如果一个国家负债累累且无力摆脱，会怎么样？”

欢迎来到泡泡国，人口50万。仅仅10年前，泡泡国还是以渔业和农业著称，除此之外就乏善可陈了。

直到雄心勃勃的泡泡国人注意到全世界蓬勃发展的股票市场，他们说：“我们也可以这么干！”于是本地银行就向其他国家的银行借了款……

然后泡泡国的各家各户再以贷款的形式把这笔钱借出来。现在他们手里能花的钱增加了一倍！很快他们就买起了房子、汽车，还投资股票。

每个人都参与其中。甚至连孩子们都抛弃了传统的捕鱼和农耕训练，改为学习如何赚钱、赚钱、赚钱。

然而，一场经济衰退席卷了全世界！本地银行的债务成为一个巨大问题，因为当地家庭已经无力偿还贷款了……

本地银行无法向其他国家的银行偿还欠款。总统宣布：泡泡国现已破产！

人们陷入恐慌。股票价格狂跌90%，利率突破天际，在日子红红火火时贷款买下的房子和车子，如今连还贷都举步维艰。泡泡国的货币几乎贬值成了废纸，这个国家无力再进口各种货物：食物、衣服、汽车、玩具或书本。

很快，泡泡国的人们都失业了，在家里囤积粮食和钱。街道两边都是卖不出去的房子。甚至有人放火烧毁自己昂贵的车子，以骗取保险赔偿。

国际货币基金组织（见151页）借款给这个国家，以便它能重新立足，但这又带来了新的债务。整个国家回归到以渔业和农业为主的状态。

“过去，如果有人存钱，
人们会说他是个守财奴；
如今，人们会说他是个奇迹。”

——佚名

第七章

小钱攒出大动静

先存钱，后消费。

恭喜！你成了百万富翁！你可以在给朋友送礼物时出手阔绰，薯片、爆米花这些你最爱的零食可以想囤多少囤多少，玩具、运动装备、音乐专辑、杂志、衣服，想买什么买什么。生活太美好了。

想要喜结连理吗？我们的赞助商有几句话想说……

你知道吗？在美国和加拿大，一场普通的婚礼通常要花掉超过 2 万美元。蛋糕、礼服、鲜花、音乐，这些东西加在一起，账单就相当可观了。所以，自然而然地，有些情侣会想方设法避免为这特别的日子欠下一大笔债。

找广告商赞助你的婚礼？没错，如今这正是一部分新娘子的希望所在。

据报道，2006 年，一对富有开拓精神的新人在一场棒球比赛上，当着一大群观众的面交换结婚誓言，由此省下了 8 万美元。他们的戒指、礼服甚至鲜花也都是由赞助商提供的。事实上，由于想在婚礼上兜售产品的公司太多了，这对新人最终还把富余的物资捐赠给了慈善机构！

美中不足的是，你突然长出了蓝色的耳朵、猫胡子和一条尾巴。还有个怪人穿着礼服在你身后跑来跑去，嘴里嚷嚷着："我是牧马人！我是鸡！不对，我是世界之王！"

等一等，伙计，这怕不是个梦？

别放弃，攒起来

好吧，这确实是个梦。但这也有可能成为现实，只要你知道怎样缓慢但稳定地存下钱来，就有可能变成百万富翁，而且并不需要长出猫胡子和尾巴。

即使你没有这样远大的目标，学着把钱攒起来也可以让你今天的生活变得更有意思。这是真的。把钱塞进小猪存钱罐或者存进银行账户，并不会把你变成守财奴——就是那种不和朋友交往，也不去学架子鼓或者到邻居家的水池里潜泳，只把全部时间花在数铜板上的人。

事实正好相反，只需要有一点耐心，存钱就能让你获得更多的选择，来决定你想要拥有什么样的快乐！

那么，为什么不是人人都这样做呢？

好问题。美国人和加拿大人（更不要提世界其他国家的人们）如今花掉的钱比挣来的钱还多。你的祖父母一代，他们从自己父母那里受到的教育是要先存钱，再消费，而今天的我们则完全不同，更多地借助于贷款和信用卡，然后就不停地还债……还要付利息。（还记得吗？利息是我们为了跟别人借钱而付出的费用。）这是一种昂贵的生活方式。而储蓄，不仅能帮你存下钱，而且从长远来看，还能帮你省下更多的钱。

想要学习把一点点小钱变成一大堆钱的秘诀吗？想知道为什么存钱的人能够以你意想不到的方式获得优势吗？信不信由你，当我们存钱时助我们一臂之力的，和当我们滥用信用卡时置我们于死地的，是同一个家伙。没错，那就是利息。你应该让它为你所用，而不是危害你。

你想问为什么？请保持耐心（这是一条非常值得学习的储蓄技巧）！我将会揭开一切秘密。但首先，让我们先回到过去……

不要吃那块棉花糖

你是一个 4 岁大的孩子，你在某个漂亮的大学校园里上学前班。不知道为什么，有人叫你走进一间游戏室。房间里没多少东西：一张桌子，一把椅子，一个铃铛，就是这些。但是你确实注意到了某样东西：一块黏黏的、甜美的、绵软的棉花糖，放在一个盘子里。这块糖是给你的……但只有一个问题：给你糖的那个大人也给出了一些指令，让你觉得不太爱听。

他说："我要从这个房间走开一会儿。你可以现在就把棉花糖吃掉。但是，如果你能等我回来再吃棉花糖，我会再多给你一块。"

你会怎么做？吃掉那块棉花糖？还是等着吃两块？

说到底就是自我控制

这是 20 世纪 60 年代后期，加利福尼亚州斯坦福大学的研究者想要搞清楚的问题。在这项如今被称为"棉花糖实验"的项目中，研究者请几百个小孩从盘子里挑选美味的零食，然后记录下来他们中有多少人会立刻吃掉，多少人会愿意等待更好的收获。

结果很有意思，也很搞笑。有些小孩甚至等不及研究人员离开房间，就把美味一口塞进了小嘴巴。还有一些拿起来闻一闻。有的孩子用双手捂住眼睛，不去看棉花糖。还有一些孩子就坐在桌子边，死死地盯着棉花糖。

• 三分之二的孩子立刻吃掉了棉花糖。

• 三分之一的孩子有能力抵御诱惑——长达15分钟，直到研究人员回来。

这能证明什么？

一开始，这说明不了太多东西。从表面上看，这项研究结果显示，有一部分人有延迟满足的能力（抵御诱惑），其他人则不行。直到大约15年后，这项研究才变得格外有意思——研究者们决定联系当年那群学前班的孩子，看看他们过得怎么样。研究者发现了什么呢？

• 那些没有立刻吃掉棉花糖的孩子——延迟满足能力强的人——基本上在学校里都表现不错，考高分，很自信。简单地说，他们过得比较成功。

• 立刻吃掉了棉花糖的孩子——延迟满足能力弱的人——似乎在家里和学校里都更容易出现行为问题。他们的考试分数低，也比较不善于交朋友。

很多年来，心理学家们都认为，智力是通往成功的独木桥。现在看来，自我控制也在其中扮演了重要的角色。毕竟，即使是神童，要想取得好成绩，也需要写家庭作业，完成老师布置的任务。

你就是“自我控制”的那个“自我”！

“棉花糖研究”中的研究人员想要看看孩子们能否学会延迟满足。有很多孩子学会了——只需要掌握简单的思维技巧。以下是一些可以用来训练自我控制的方式：

假装。事实证明，面对诱惑，最好的处理方式之一是骗过我们的大脑，让它无视我们想要的东西。当你下次逛商场时走过一件你非常想要的东西，可以试着想象它不是一件真实的东西。那么，你还有多想得到它？

制定目标。如果你真的非常非常想要一双昂贵的新足球鞋，但妈妈拒绝掏钱买它，你就有了一个存钱的目标。把足球鞋的照片贴在你的存钱罐旁边，你会更愿意把钱省下来。

考虑后果。要认真考虑失败的后果会带给你什么感受。如果你不在科学课的合作项目上好好努力，会有什么后果？你的搭档会因为你耽误了她的成绩而发怒吗？老师会给你打低分吗？有时候，我们过于关注当下正在发生的事，而忘了我们的行为会在将来造成巨大的麻烦。

奖赏你自己。已经学习了超过一小时？那就吃块棉花糖，或者别的让你保持动力的东西吧。没有人能够无限期地推迟享用自己喜爱的东西……

那这跟存钱又有什么关系呢？

关系大了。还记得吗？在这本书的开头，我曾经写过，钱绝不仅仅是钱。这是因为，很多适用于钱的规律，同样也适用于我们生活中的其他事情。这些孩子为了不去吃掉棉花糖而动用的自我控制力，也可以帮助他们去学习而不是去看电视，去练习钢琴而不是去跟朋友发短信。

也正是自我控制力促使我们存下金钱，而不是花掉它。

换句话说，如果你学着如何存钱，你就在锻炼自我约束能力，而这种能力同样会让你人生的其他方面有所提升。

你觉得自己铁定是那个会把棉花糖吃掉而不是留着的人？你的人生是不是就完蛋了？当然不是。毕竟，在斯坦福大学的那项研究里，并不是所有吃掉棉花糖的孩子最后都变成了瘫在沙发上一事无成的窝囊废。他们中有很多都学会了相应的技巧来应对自己的情绪，让自己关掉电视机去学习——或者把钱存下来而不是立刻花掉。

开动脑筋，发现新的存钱之道

那么……你已经存下来多少钱了？100 美元？1000 美元？1 分也没有？嘿，如果你是最后一种情况，你也并不孤单。说正经的，别说小孩子，就连妈妈和爸爸们，阿姨和叔叔们也都一样。根据美联储的一项研究，43% 的美国人花的比挣的多。与此同时，加拿大银行发布的数据显示，加拿大人平均每挣到 1 元钱，就要花掉 1.30 元。

事实证明，信用卡——很多人把它当作“白来的钱”——

让我们感觉自己比事实上更富有，于是就越花越多。但是，存钱仍然是一件很重要的事情。

1 如果你在买新的游戏主机或者小提琴之前先存钱，下单时就不容易被引诱着买额外的游戏，或者华丽的琴弓。你口袋里只有这么多钱，你不会欠下债务。

想找工作——这几个就算了!

还需要更多存钱的理由？要知道，想要（合法地）多挣点钱，是很不容易的，有时候，那是相当的不容易。

*炸飞我。*理查德·拉贝在退休前是以把自己炸飞为生。不，他并不是特技演员，而是渥太华一家公司的总裁，他这样做只是想证明自己的产品——防爆服装——是有效的。他会全副武装，然后站在距离四根烈性炸药仅仅两三米之处。“这经历真让人神清气爽。”他曾经这样开玩笑。

*我收走了。*如果百万富翁栽了跟头，没法供养私人飞机了，怎么办？请呼叫飞机回收人员！他们随身携带着发动机锁、全球定位系统、便携电台和几百把钥匙，满世界追踪这些飞机，然后驾驶它们飞走——有时候，他们还得跟这些飞机的怒气冲冲的前主人打交道。

*依然在路上。*你可能以为评价高档宾馆和饭店是一份美梦成真的工作，但评估员们不这么想。这些人专门为美国汽车协会（AAA）或美孚（Mobil）之类的公司工作，评定哪些宾馆或饭店可以算四星级或三钻级。在不同城市、不同宾馆之间辗转奔波令他们疲惫不堪。有些评估员一年有 200 多天不能在家过夜，需要给 800 到 1000 家商户评分。在加拿大汽车协会（CAA）和美国汽车协会担任评估员多年的迈克尔·穆索说：“如果你想朝九晚五地上班，就干不好这份工作，真不行。”

2 你不需要向信用卡公司支付利息，所以买这些东西的实际价格就便宜得多。

3 你知道你的钱是受你控制的，这会让你感觉良好。你不需要按别人替你规定的时间还钱。

4 你将有钱支付那些对你来说真正重要的东西——比如去上大学。

怪异的是，加拿大或美国的文化似乎在无脑地纵容过度消费甚至是浪费行为。这种纵容所影响的，不仅仅是我们怎么对待存款的问题。

开办你的第一个银行账户

直说了吧，有一些存钱方式，比把钱塞到床垫底下可强多了。人们会开办银行账户，让自己的钱更安全，还能留下清晰的交易记录——更不用提还能赚到一点小小的利息收益。总的来说，这是个好主意，而且依然是跟钱打交道的最佳方式。所以，当你开办第一个账户的时候，需要注意些什么呢？

你找的银行提供儿童账户吗？在美国，这种账户很少会因为存钱而向你收费。

支票账户还是储蓄账户？如果你计划经常把钱转入或转出，支票账户可能是最好的选择。如果你打算把钱存上一段较长的时间，那么储蓄账户就比较合适了。

别忘记带上要存的钱、各种证件；请一位家长或监护人陪同，他可能也需要签署一些文件。

不需要存钱罐

以下是几种比"塞到床垫底下"更妙的存钱方式。

1. 想要最新流行的款式？只要等几个星期，还是你的。

通常来说，过了这段时间，商店就会把服装打折促销，以便为新来的商品让路。促销是省钱者最好的伙伴。

2. 投资在要做的新买卖上，赚更多钱！

换句话说，就是花钱来赚钱！听起来很疯狂？可以这样想：如果你想帮人照看小宝宝来赚点外快，那就用你的生日红包去报个婴儿照护培训课程，或者买一些新奇有趣的儿童玩具。很快，你就会成为周围父母们都爱找的照护小能手了。而如果大家都需要你，你也就可以收取更高的费用了。你的生日红包还能给你发红包呢！

3. 加入一个存钱俱乐部，或者和朋友们一起成立一个。

它是这样运作的：抓一包饼干或者别的什么点心，召开你们的第一次集会。每个人写下一个存钱目标（比如说，买下那辆你妈妈嫌太贵的自行车）。你们还可以聊一聊打算怎么实现目标。修剪草坪？把旧衣服放到寄售商店里卖掉？省下零花钱和生日红包？这都取决于你。然后每个月集会一次，对照一下各自的进展。看看谁先达成自己的存钱目标，这种友好的竞争会让你和小伙伴们干劲十足。

4. 自带午餐（至少一周两次）。

没错，你们食堂的烤乳酪天下无双（但千万别碰索尔兹伯里煎牛肉饼），但是，如果你通常要花 4 美元在食堂吃午饭，那么一周带两次午餐就能给你省下 8 美元，一年下来你兜里就能多出 300 多美元。

5. 好友生日未必要买一堆礼物，也可以提议干点好玩的事。

也许你们都喜欢钓鱼，但好友却没有鱼竿？可以把你的鱼竿借给他，你再跟你老爸借一根。你们会玩得很开心的，如果你们自己从后院挖虫子当诱饵，那就完全不必花钱了。

6. 游说父母为你的存钱计划配资。

（告诉他们，这是在鼓励良好的存钱习惯，你懂的……）比如说，你每存起来 15 美元，他们也要存入 15 美元。嘿，跟父母好好讨价还价一番，值得一试！

不浪费，少索取

你知道为什么每次你盘子里剩了些豌豆、面条或者一点点汉堡没吃，姨姥姥贝莎就会瞪得你心里发毛吗？也许她知道些你不知道的事情：食物过剩国家的人们每天都扔掉数量惊人的食物。

几年前，英国的一项研究显示，每年英国人买的各种食物里最终有 30% 被扔进了垃圾堆——它们将近 700 万吨，大约抵得上一百万头大象！

想省钱吗？别再像小狗一样在杂货店里乞求各种食物了，先把家里的东西吃完吧。

什么都不干就有钱？

到现在为止，你已经学到了一大堆新办法来少花钱，并把钱存起来花到你真正需要的地方。可是，世界上真有白来的钱吗？某种意义上来说，是的。但这并不是随随便便就给任何人的。

准备好投入一点时间
来学习关于股票、债券和
共同基金的知识吗?
翻到下一页，了解这个有趣
（也有利）的话题吧。

“让你的钱变厚一倍的最安全的办法，
是把钱对折以后放进口袋。”

——弗兰克·哈伯德

第八章

让钱长钱

复利，跟复合肥料是一回事吗?

好了，让我们倒回去一点点：还记得我们在第二章说，钱不是从树上长出来的吗?以及在第四章说，赚钱的世界里别想搭便车吗?嗯，这些说法并没有撒谎——严格来说，这两句话都是对的，但是——

如果说有什么事最接近于树上长钱或者搭便车赚钱的话，那就是投资。

你可以把投资想象成存钱——但又有着额外的魅力！所以，

你准备好静下心来，学习怎么运用复利，好好“算计”一番了吗？（拜托，当你拿起一本讲钱的书，你不会以为完全不要动用数学脑筋吧？放轻松，这很简单，不会让你头疼的。）

简直像魔法一样

魔法。很多人在把钱长期储蓄或投资后收获复利时，都会这样描述。这是因为，虽然信用卡账单上的复利像恶魔一样令人恐惧，但当它为你和你的投资服务时，却会带给你惊喜。

为什么呢？因为它能将 1000 美元变成 100 万美元！绝无虚言。要做到这一点，你所需要的只有三件东西：

1. 钱（撒进土壤的一粒种子）。

2. 利率（肥料、阳光和雨水）。

3. 时间。

如果你要在窗台上或者花园里种生菜，整个过程非常简单：你播下种子，添加它生长所需的各种东西，然后就可以走了。等你回来的时候——咻！——一株幼苗出现了。接下来就是最刺激的部分：你可以马上把它摘下来，当作一份鲜嫩的小点心，也可以再走开几个星期。只要你离开期间这株作物的生长环境依然良好，那么，当你再回来的时候，它就将完全成熟了，可以用来拌沙拉。

钱也是一样的道理：拿它去投资，在利率和一段时间的作用下，哗啦！钱变多了。（嗯，有的时候，就像种生菜一样，如果缺乏合适的生长环境，一项投资也可能会枯萎，直至死亡。不过，我们可以晚一点再回过头来聊聊这一点。）

先搞定术语

在继续深入之前，我们最好先解释几个财经概念和术语。

投资

有没有听过这样一句老话？“会花钱才能会赚钱。”对于投资来说，这句话再对没有了。投资就是你在一样东西上花钱，期望有朝一日能获得利润，赚到更多的钱。

但是你投入金钱的这样“东西”到底是什么呢？事实上，这可以是好几样东西……

投资品 1 号：股票

股票实际上就是一家公司的一部分。如果你拥有一家热门玩具公司的一些股票，那么，当这家公司发行一款新游戏，受到所有人追捧的时候，他们将获得利润——你也会！

投资品 2 号：债券

债券实际上是公司出售的债务。听起来怪怪的？这样想：如果一家冰激凌公司因为冬天冷饮卖不动而陷入困境，就可以出售债券、筹集资金来度过淡季。像你我这样的人可以买上一些它的债券，比如说 10 美元吧，因为我们知道，随着夏天旺季的到来，这家公司将会偿还欠我们的钱，还会付给我们利息。政府和公司都会发行债券。

投资品 3 号：共同基金

这是指把一堆股票和债券捆绑到一起。理论上，如果你买了一只共同基金，就不会把钱全投到一家公司里。你的喜悦（和风险）会被分散到各处。如果其中一家公司“翻车”了，其他几家可能仍然状况良好，你的损失就不会太大。这种方法有时候是有效的，但有时候也无济于事。

投资品 4 号：养老基金

这种基金是用来负担你的退休生活的（是的，就是“当你再也不用工作的时候”）。在美国，它们被称为 401（k），在加拿大则称为 RRSP。不管叫什么名字，这都是一种为了真正长远的未来而存钱的好办法——它能帮你少交税，而且你的雇主也会给你的账户里贴钱。

算一算数字

不管你打算怎么投资，先来仔细了解投资到底是怎么运作的吧。假定你已经把自己的生日红包和零花钱攒在存钱罐里有一阵了。现在你有了 100 美元。想象一下，你让父母帮你投资。他们替你选择了一个年增长率 10% 的投资项目。换句话说，到了这一年末，你将拥有 110 美元。挺不错吧，什么都不用干就额外赚到了 10 美元。请坐好，等着瞧。

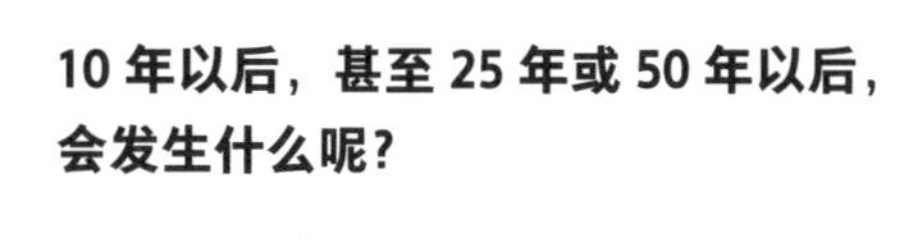

第1年 110美元　第5年 161.05美元　第10年 259.37美元　第25年 1083.47美元　第50年 11739.09美元

如果你现在 12 岁，那么当你 62 岁的时候，100 美元已经变成了超过 1.17 万美元！这是因为你不仅能从你的 100 美元上收到利息，利息本身还会带给你利息。所以你的钱就越滚越多了。当然了，通货膨胀会让 50 年后的钱不再那么值钱，但仍然会比一开始的 100 美元值钱得多呀。

接下来，让我们看看如果从最开始的 100 美元之后，每年年初都再投入 100 美元，会发生什么。

第1年 110美元　第5年 671.56美元　第10年 1753.12美元　第25年 10818.18美元　第50年 128029.9美元

你注意到发生了什么吗？仅仅十年之后（已投入 1000 美元），仅仅依靠投资，你的钱就快翻倍了！到最后，你会净赚近 13 万美元。没错，在 50 年时间里，你总计投入了 5000 美元，但跟你最后拥有的钱比，这就是微不足道的零头了。

那么，如果你投资对象的年增长率仅仅提高两个百分点，也就是变为 12%，会发生什么呢？

你还是总共投资了 5000 美元，但是，如果这份投资每年能挣得的回报是 12% 而不是 10%，那么你最终将收获接近 27 万美元。

所有这些额外的钱是从哪里来的？简单来说，当你投资下那 100 美元时，某个地方的某个人向你借走了这笔钱，而你就拥有了向他收取复利的特权。

第1年
112美元

第5年
711.52美元

第10年
1965.46美元

第25年
14933.39美元

第50年
268802.04美元

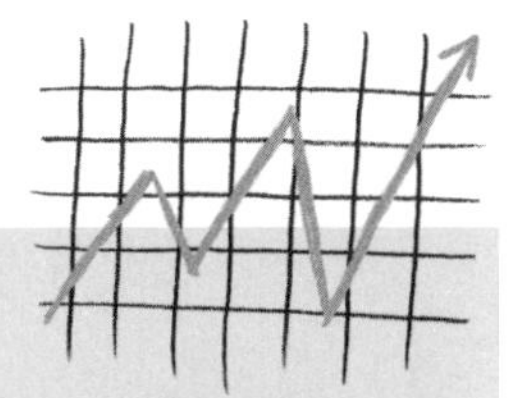

股票鉴赏

有时候，你想从手头的钱里获得一点乐趣。这就是为什么很多人会去购买某个公司的股份——你就拥有了这家生意的一小部分。对于某家售卖你喜爱的东西的公司，当你拥有了一点点股票，你就会去研究和关注股票的动态，从而获得很多乐趣。你可以从报纸的财经版、网上或者电视上关注相关新闻。

你买的那家公司刚刚发布了什么酷炫的新产品吗？你会看到自己的钱正在噌噌上涨。他们的工厂刚刚失火损毁了吗？当心！这也会给你造成损失。

时间在你这一边

据说，时间能治愈一切创伤，而从上面的图上看，时间也是投资成功的最重要秘诀之一。这就是为什么你现在的年龄让你占有巨大的优势。因为你有那么多的时间来让你的钱增长起来。你起步的钱可能只够买一件新衣服，但过一阵子，你的财富就够你去一趟迪士尼乐园了，或者你可以再等得久一点，然后就够买一座房子了！（好吧，这时你都能带着你的孩子甚至孙子辈去主题乐园了，但毕竟……）

要了解黑暗的一面

这一切听起来是不是有点太美好了，都不像真的？是不是不敢相信投资竟然如此简单？如此可靠？嗯，好吧，你是对的，确实并非如此。就像你想要植物好好生长，就得费心伺候它一样，你也需要检查你的投资，并且时不时做出调整。

这是因为，并非每项投资都会像前面展示的那样，按一条直线增长。投资就像做园艺一样，有好年景，也有差年景。某一年可能阳光灿烂，雨水充足，你的植物就会蓬勃生长。下一年呢？一场蝗灾让整个园子被吃得一片狼藉——所有人的植物都片叶不存。

投资也是一样的道理。你买了“忙碌小蜜蜂”蜂蜜公司的股票，头两年赚到了钱，感觉甜丝丝的。但是小心！某一年，成千上万的蜜蜂染病、死亡。突然之间，这家公司股价大跌，因为生意不太可能赢利了。所以，你的投资行为也有可能损失钱财。

多样化

那么，怎样才能保住你的钱呢？一种办法是：多样化投资。这种说法听起来很复杂，实际意思就是“不要把全部鸡蛋放在一个篮子里”。在很多情况下，这个办法是有用的。厉害的投资者都知道，如果他们把一部分钱投在当地公司的股票里，另一部分投在外国股票里，再投一部分在黄金里（仅仅是举个例子），那么当其中一项投资出问题时，另两项赚到的钱很有可能足够弥补这份损失。还记得共同基金吗？也是基于同样的考虑。

还有些人只投资于一些相当安全的公司，以此保护投资免遭巨额亏损。这些公司通常来说规模庞大，知名度高，年复一年地展示出稳健的赢利能力。这种投资一般不会赚到大钱，但也极少带来巨额损失。

起起伏伏的曲线

你要知道，历史显示，即使某项投资下跌了数天、数周甚

为什么我们要交税？

恭喜你！你刚刚花两星期时间在本地冰球馆售卖薯片和热狗，并且拿到了第一笔工资。你从接受这份工作起就在憧憬着这一天了——而且你非常清楚你的银行账户里会增加多少钱。于是，你打开信封，然后……怎么回事？！嘿！谁抢了你一部分钱？放轻松啦。这就叫交税。不管是所得税，还是营业税，总之，每个人都得上交。

税收是政府向公民收的钱，用来支付公立学校、安全的高速公路、清洁的水源、垃圾清理、监狱、医院以及其他各种服务的费用。那么，为什么这些东西需要用税收来支付？为什么我们不能用什么就付什么钱呢？很简单，没有哪个人（除非你富得流油）付得起。但是，当政府把我们的钱汇集到一起，就能付得起了。

世界各地的税收政策，包括北美的，一直以来都广受争议，但是，基本上来说，它们都是以我们的支付能力为基础的。你越富有，就要交越多的税；而如果你挣的钱很少，那你交的税也少。

没有人喜欢交税，但每个人都得交，即使是你。（嘿，你可以把这个当作成熟的象征。现在你可以和你父母一起发牢骚抱怨税收了。）

至数年，最终也有可能重新获得价值，再次爬升——投资者们也能赚回他们的钱，前提是他们有能力等待足够长的时间，直到反弹来临。甚至在像“大萧条”这样灾难性的事件之后，市场最终还是得到了恢复，人们又再次回到了“低价买入，高价卖出”的常规状态。

但也有的时候，一项投资会长期亏损，再也无法恢复。某家公开募股的公司可能会破产，某个采矿企业可能始终没找到

金矿。对于很多人（包括我）来说，实在是很难知道，什么时候该抛售某项投资，什么时候该坚持持有一段时间，看看它能否再次赢利。

这件事让人烦恼，特别是如果你正在计划使用那笔钱。如果你投资了 20 美元在你朋友的鱼饵渔具生意（注册商标：“我们挖虫子！”）上，希望用下个月的利润来买一张棒球票，结果你这位企业家朋友发现自己讨厌挖土，你会有什么感想？你花钱给他买了铲子和塑料盒，指望他能还完你的钱，再分你一部分利润，到头来什么也没有——再见吧，棒球赛。

公开募股

指的是一家私营公司把自己“切分”成很多小块，并允许公众来购买这些小块。没错，如果你持有一家公司的股票，你就拥有了它的一部分，你这个老财主。

那为什么我还要再次投资？

当你了解到投资有可能亏损大笔钱财后，你可能会好奇，为什么还会有人想去投资。很简单，很多时候，投资是能赚钱的，最

终会让我们拥有更多钱财。

还有一件事。在知道了这些知识后，你现在是否对投资感兴趣？你必须求助于你的父母，因为事实上，儿童是不允许持有股票的——包括共同基金和某些类型的债券。在很多地方，你必须等到 18 岁才能以你自己的名义投资。

在此期间，你可以开设一个银行账号，或者仅仅是在书桌上放个罐子，每次当你得到钱，就放 10% 进去。利用这段时间来尽可能多地学习关于投资的知识。读报纸，浏览网站，或者找懂行的人聊一聊。

牛市和熊市

当所有人在钱财方面都觉得阳光灿烂、暖意融融，我们就说这是牛市。而当股价跳水下跌，大家都不愿意买入时，这就是熊市了。你可能会觉得奇怪了，为什么选择用牛来代表欢乐的时光呢？如果改成毛茸茸的“兔市”或者甜美可人的“猫市”，不是更好记吗？我就是随口一说……

这里有位专家！

加拿大“手头宽”公司
阿曼达·米尔斯

“财经治疗师”是什么？我们来问问阿曼达·米尔斯吧。她是多伦多“手头宽”公司的创始人，也是这个星球上少数几个倾听别人谈论自己对钱的情绪并以此为生的人之一。

通常，来找她的人都是因为不知该怎么处理金钱问题而倍感压力或焦虑。有些客户会在购物时大肆挥霍，对于将会淹没自己的债务风险浑然不觉。还有些人来拜访阿曼达（她碰巧还是一名会计师）则是因为他们把钱牢牢攥在手里，对花钱怕得要死。阿曼达的工作就是听取他们的倾诉，然后帮忙分析是什么原因影响了他们对金钱的态度。还记得吗？我们曾经说过：钱绝不仅仅是钱，钱能影响人们的情感。阿曼达也深信这一点。

“如果我们在面对金钱时出现了问题，那么常见的根源之一是沉默。”她说。这指的是很多父母不愿意谈论钱——诸如怎样挣钱，怎样投资，等等——导致很多孩子在成长的过程中对钱一无所知，等他们长大后，就会犯下很多错误。

是不是该打破这种恶性循环了？就从你家开始。

“孩子们可以做的一件最紧要的事情，是敦促父母传授和谈论关于钱的知识。”她说。

阿曼达承认，当她还是个小孩时，她自己家里也不怎么聊挣钱、花钱、存钱之类的事。但现在，她做的工作就是整天谈钱。她感到深受启发。

“我很喜欢这些坦诚的对话。当人们在钱的问题上开诚布公，就不会扯些无聊的废话。如果你真正理解了钱是如何运作的，你也就对人有了深入的理解。”她说。

阿曼达关于存钱的三条建议

1. 给自己设定一个目标

那块酷得不像话的滑板正在召唤你。想想吧，你可以用它做出多少令人目眩的跳跃和翻转动作……你猜怎么着？看起来你给自己设立了一个财务目标，伙计。"如果你选定一样自己非常非常想要的东西，那么为了它而存钱就会比较容易一些，因为你会觉得花钱买别的东西像是一种浪费。"阿曼达说。请紧紧盯住你想要的"奖品"不放吧。

2. 拿自己当回事

换句话说，让你父母陪着找银行经理谈谈。虽然你还是个孩子，但你也是未来的客户啊。或者，让他们教你怎么在线查看银行账户，以便你对自己存款的增长速度心中有数。重点在于，如果你想让钱不仅仅是流过指间，就可以训练自己存钱的能力，从而买到你想要的东西。（当然，你仍然可以花钱买点音乐、糖果，或者和朋友一起看电影。谁愿意变成守财奴呢？）

3. 给钱，老爸

"如果你父母不给你零花钱，那真是在误导你。他们试图掌控一切跟钱有关的决定，这是不公平的。"阿曼达说。（是不是很希望她是你最喜欢的姨妈或者别的什么长辈？我也这么想。）她说得有道理。即使你父母只能每周给你 50 美分，这对你学习如何负责任地花钱和存钱也是很重要的。早早学习如何处置零花钱，可以教会你将来如何处置薪水。所以，试着跟父母谈判，来获得零花钱并开个银行账户吧。

攒出个大的来

把钱存起来，很好；把钱花光，很糟。这不是什么高深的航天科技，对吧？那么，听完了道理，为什么我们中的许多人总是拖拖拉拉地不开始攒钱呢？原因有很多，真的很多。我们会担心自己做出糟糕的投资选择，或者认为自己从一开始就对投资一知半解。有时候，我们根本没有钱投资——这让人无能为力。但阻止了很多人投入资金去赚钱的，还有一个巨大的原因，那就是惯性。什么？

你试过推动一列火车吗？没错——它很重，推它半天都动不起来。它是“有惯性的”。但是，如果你坚持下去，让火车开动起来，再想让它停下来也很困难了。这也是惯性在起作用。

从某种方面来说，学习储蓄和投资也是这么回事。如果你不付出任何努力，惯性就会占据主导，你将一无所获。但是，坚持下去，积累动量，你的储蓄就能真正腾飞。

这些时候该做点什么

入夜了，当你准备上床之前，有可能某个大人会问你一句：作业写完了吗？哦，糟糕！但是，你并没有“啪”地翻开课本，相反，尽管心情忐忑不安，你仍然刷了牙，爬上了床。

这是什么情况？你进入了“冻结”状态。这个任务看起来太艰巨了，你选择什么都不做。但是，有些科学家已经发现，幸福的诀窍就在于把恐惧、担忧还有该死的懒惰统统一脚踢开，动手做点什么——做什么都行！

只有一个问题——懒惰可能是人类的“固有设定”。只要有得选，我们就倾向于选择好走的路，以便节省能量。研究者们曾经让一群学生填写一份问卷，然后步行去提交问卷。学生可以从两个提交地点中任选一个。其中一个地点比较近，另一个则较远。有些学生长途跋涉，去较远处提交问卷，还有一些则偷懒选了近的那个。研究者们发现，前者比后者感觉更幸福。

所以，做点什么吧，积累一些动量。这不光对你的积蓄有益，也会让你自己感觉良好。

这些时候该什么都不做

话虽如此，但是，如果我们知道懒惰就是人类的天性，何不善加利用，让它导向良好的结果呢？事实上，有些公司就是这么做的——他们的员工们在存下钱来的同时，甚至都不用想起“存钱”这件事。有研究发现，即使很多公司为员工提供了储蓄选项，就是每月把工资的一部分存入某项投资中，仍然有三分之一的员工对此无动于衷，或者压根就忘了注册。

于是，这些公司就尝试使用另一种方式。有些公司选择为每一位新员工自动注册，逼着他们存钱。如果有人想退出存钱计划，就必须填写一张烦人的表格。研究者们发现，即使是填表格这么点小事，对人们来说似乎也是天大的麻烦。最终，96% 的员工都把钱积聚在投资计划里，因为这要比退出计划来得轻松。

看来，懒惰也是有可称道之处的，至少在某些时候是这样的。

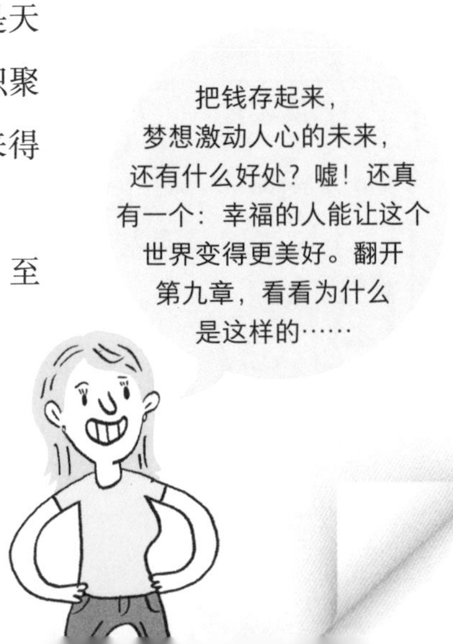

把钱存起来，
梦想激动人心的未来，
还有什么好处？嘘！还真
有一个：幸福的人能让这个
世界变得更美好。翻开
第九章，看看为什么
是这样的……

“攒”游世界！

为了应对坏日子而攒钱，也可能让你在地球的另一边过几天好日子。

“我真的能在三年之内攒下足够的钱，跟全家去环游世界吗？”

这是索菲亚和西蒙。从他们记事起，爸爸妈妈就带着他们到处旅行，他们去过罗马、英属维尔京群岛，也到过很多离家比较近的地方。现在……爸爸妈妈有了个新计划。

但是，要怎么去呢？索菲亚和西蒙的爸爸妈妈是教师，并不富有。全家人坐下来，进行了一次长谈。

很快，孩子们把自己想去的地方列了一个表。他们研究了机票费用，而爸爸妈妈则查询了饮食和安全住宿所需要的费用。他们的攒钱目标是：6万美元。

接下来就该去赚钱了。他们举办了大型的车库售卖会，索菲亚去帮人照看小宝宝，西蒙帮邻居修剪草坪，妈妈去暑期学校教书。

他们阅读报纸的财经版面，看看所喜欢的公司表现如何，并进行投资。看，钱在噌噌噌地增长！

节省开支并不总是那么容易。不能去饭店吃饭，也不能在商场大把花钱。有时候，别的孩子的生活似乎更有意思。

然后股票市场开始下跌，爸爸看起来也不太快活了……好在后来投资又回升了。

两年过去了……他们从学校和工作单位请了假，打包好行李，跳上了飞机，一秒钟都没耽搁，开始了环游世界的旅途。

回到家以后，索菲亚和西蒙根据所见所闻，写了一本书。他们还去各个学校演讲，每场收费150美元。很快，他们就存够了启动资金，可以为下一次旅行攒钱啦！

“能创造出成功的并不是钱，
而是允许赚钱的自由。”

——纳尔逊·曼德拉
南非首位黑人总统

你愿意让出一毛钱吗？

为什么贫困是一件糟糕的事。

问：为什么人们管挣钱叫“糊口”？

答：因为只有挣钱才能不空口挨饿啊。

好吧，这个笑话有点冷。但是，对于很多人来说，拥有足够的钱来换取一条面包、一双合脚的鞋和一张舒服的床，并不像开玩笑那般轻松。事实上，对于全世界一半以上的人口来说，这些都属于奢侈品。按照世界银行的标准，这些人生活在“中度贫困”中，换句话说，就是每天的生活费用低于 2 美元。

2 美元也太少了吧

即使考虑到各个国家的不同汇率和生活标准，2 美元仍然是很小的一笔钱。在某些地区，这点钱只能（勉强）购买一包贴纸。

1 美元在世界各地能够买到：

- 在巴西：十分之一个比萨
- 在德国：一张单程公交车票
- 在肯尼亚：八杯牛奶
- 在墨西哥：两张参观玛雅金字塔的儿童票
- 在韩国：租一张 DVD
- 在菲律宾：五分之四个巨无霸汉堡

即使对于那些挣扎在贫困线上的国家来说，2 美元能干的事情也并不很多。我估计你的家人每天不止吃一点比萨或者两三个汉堡，对吧？

你有没有想过，是什么导致了有的人富有，有的人贫穷呢？在试图回答这个问题之前，让我们先来聊一聊贫困到底是什么。

可是我的好朋友家有一台新电视

我们要怎么来定义贫穷？这是一个很大、很复杂的问题，多年以来，很多经济学家和社会学家都试图回答它。不过，早在 18 世纪 70 年代，就曾有一个人给出了相当不错的答案。他是一位来自英国的古典经济学家，名叫亚当·斯密。他是怎么说的呢？贫穷就是缺乏生活中最基本的、必不可少的东西，他管它们叫“必需品”。

这东西真的必不可少吗？

每一种不同的社会里，都存在着绝对的最低生存标准，其中包括像住所、食物、洁净的水以及衣物等东西。这是每个人只要活着就必然需要的。这一点毫无疑问，对吗？但是，根据斯密的理论，即使你拥有了上述这些东西，你仍然有可能被看作穷人，除非你还拥有一些额外的东西——你需要它们来让你所处的社会把你当成“体面人”。在斯密那个年代，他说，每个人都需要拥有一件亚麻衬衫和一双皮鞋。如果你没有的话，人们就会知道你很穷。

斯密的结论是：正是这些额外的物品，帮助我们生活在尊严而不是羞耻之中。

他的定义的精妙之处在于，把地理位置纳入了考虑因素。他说：“各国的风俗”决定了那些额外物品是什么。比如说，你生活在美国，那么拥有一双体育课穿的跑鞋就很重要。如果你没穿，班里的其他同学很可能会注意到，而当老师再一次问你为什么没穿时，估计你会感到非常难受。而假如你生活在印度，鉴于那里占总人口 27% 的人每天的生活费还不到 1 美元，如果你上学时没穿跑鞋，估计根本没人会在意。每个国家的风俗都是不同的。

如今，我们把这一理论称为“购物篮”判断法。你在购物篮里放的东西越多，你被当成是穷人的可能性就越低。

手机算额外物品吗？

看，你做到了。做到什么？你提的这个问题，已经揭示出了斯密对贫困的定义存在的主要缺陷。既然对于贫困的定义很大程度上取决于一个社会的“额外物品”，那就为争议敞开了大门。所以，你可以看到，对于“手机到底是当今社会正常生活所必不可少的，还是仅仅让拥有者感觉良好而已”这种问题，经济学家们会争辩得头破血流。换句话说，我们得问问自己，到底需要哪些具体的东西，需要多少。一套漂亮的公寓？一把沙发？三张床？两辆汽车？六条牛仔裤？划分富有和贫穷的界线到底应该画在哪里呢?

在某种程度上，这条界线的位置取决于我们看待世界的方式。反贫困运动的支持者们倾向于把更多的东西纳入必需物品名单中，而偏向商业的人士则会采取另一种立场，例如，他们会认为电视机属于奢侈品，而不是必需品。

那么，你会在你的“篮子”里纳入哪些东西呢？花一分钟好好想想这个问题。你“篮子”里的清单很有可能和你朋友的很不一样。

是富有、贫穷还是过得去?

在划分富有和贫穷这件事情上，不是所有人都使用购物篮判断法。在欧洲，某些组织使用另一种方法来区分：如果挣的钱少于平均水平的60%，你就会被视为贫穷。（实际情况要更为复杂，专家们会抛出诸如“中等收入”和“收入分布”等词汇，但基本意思就是这样。）

在美国和加拿大，专家们会提出一个具体的绝对数值，称为“贫困线”。例如，2008 年美国的贫困线被认定为：一个 65 岁以下的成年人每天收入 29.58 美元。很多欧洲专家认为这种思维方式有点怪异——毕竟，你能说一个人每天挣 29.57 美元时是贫穷的，而同一个人每天挣到 29.59 美元时就算是过得去了吗?

这样的划分，怎么能算是公平的，或者是符合逻辑的呢?

为何只满足于一半？

你听说过工作场所的女性平权斗争吗？想知道这场斗争现在进行到什么程度了吗？大概情况是这样的：在很多国家，女孩上学的境况仍然没有较大改善。在这些地方，妇女们通常只能在家里工作，或者在其他非正式的——甚至是危险的——环境中工作。报酬很差，更不要想病假或者带薪休假之类的福利了：这根本不存在。

如此众多的妇女要么在恶劣的工作中煎熬，要么根本没有工作，这给整个国家都带来痛苦。想想吧，如果全国一半的人口抛弃掉恶劣的工作，去上大学，会怎么样？如果这些大学毕业生们最后找到很棒的工作，赚到大笔的钱，又会怎样？新的思想者、新的梦想、新的创意都将在各个角落涌现出来。人们也将可以在国家的经济活动中花费更多的钱。教育就是力量，整个家庭、整个国家都将从中获益。

很多政治家、记者和研究者都说，向全体女性开放整个世界，有可能是提升有些国家生活质量的最佳方式。

既然我们说到了那个话题……

让我们假装现在是星期六，发零花钱的日子！现在，你要带上一点钱，去街角的商店，用它买一块“美梦 2000”巧克力棒。但是且慢！在你咬下第一口之前，你需要知道一些事情。很遗憾告诉你这个事实：巧克力味道不怎么样，里头有问题——但不是你想的那种问题。

事实是，要生产世界上的大部分巧克力，需要成千上万的人——包括小孩子——做苦工，收获足够多的可可豆，而这些童工只能拿到很少一点钱，甚至没有钱。想象一下炙热的烈日，危险的工具，暴露在化学杀虫剂中，以及在难耐的酷暑中跋涉好几个小时。而且，这些小孩子的工作是如此繁重，根本没法去上学。

但是，谁要去上学啊？

每个人都需要——如果想要彻底摆脱贫困，过上更幸福、更美好的生活。辍学去工作，赚点快钱，虽然这听起来是个不错的主意，但事实并非如此。正如巧克力的故事所展示的，如果人们被迫去干繁重的或者是危险的活儿，工作就不是一件好事，而会让人们患上疾病，或情绪低落。

你以为这样的事情只发生在别的国家吗？你想错了。我们可以在离家很近的地方看到类似的情况上演：有人干着报酬很低的工作，这些工作就像一张人生单程票，通往一无所有之地。

让我来解释一下。假定说，你最喜欢的姨妈丽莎干着一份枯燥重复的工作，而挣的钱刚刚超过最低工资标准，勉强够全家人支付房租、食物和衣服。于是，为了多挣一点钱，她要求增加工作班次。但这样做会有一个问题：她非常想回到学校，学习更多技能，以便找个更好的工作——但是，她目前的工作时间太长了，没有什么空闲。很快，这位你最喜欢的家人陷入了恶性循环，再也没有机会找到一份好工作来彻底摆脱贫穷。

你可以这样想：工作赚钱应当让生活变得更美好，而不是更糟糕，对吗？

所以，你可能很容易对上学这件事无动于衷——甚至讨厌它——毕竟政府提供了免费的教育。但不要忘了，在世界上很多国家里，人们需要交钱才能让孩子得到教育，还有些国家的贫困边

富裕国家，破产国家

你说得对，这不公平。在我们生活的这个世界里，不平等无处不在。在不同的地方，同样是早上醒来，你有可能大口喝下一碗麦片粥，再拿上一根香蕉，在上学路上吃；也有可能从街边的一条毯子底下爬出来，然后东摸西掏，看看能不能挖出点什么吃的喂你弟弟。

为什么会这样？为什么有的国家及其国民看起来更需要财政上的援助？这可不容易回答。

不过，有一些原因还是比较显而易见的。

历史

如果你长久以来都很贫穷，就很难不再贫穷。贫困通常都是多年累积而成的，所以，不要指望用短短几星期、几个月甚至几年就能粉碎它。

地理

与富裕的国家相邻而非相隔，这个国家通常来说会过得更好。但这也不是必然的——墨西哥与美国接壤，却挣扎在贫困之中。

自然资源

拥有巨量水源、矿产或木材的国家通常会走向富裕。但有时候，自然资源也会带来坏处。钻石和石油可能会引发冲突，甚至是战争。

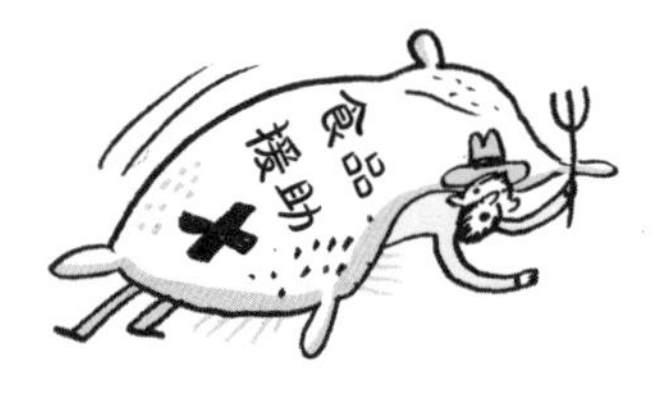

食品倾销

免费食物！棒极了，不是吗？专家们却警告说，如果贫困国家的紧急状况已经结束，而富裕国家仍继续输送食品援助，当地农民将无法在食物价格上与之竞争，被迫失业。

糟糕的体系

在非洲某些地区，谷物中有四分之一会在被食用前就腐坏！由于整个科技体系的落后，在炎热和潮湿环境中，谷物会遭遇虫害、发霉和其他损毁。

战争

有什么办法能百发百中地让一个国家破产吗？那就是陷入旷日持久的战争了。拿去驱动战争机器的钱越多，留给教育、医疗以及其他让生活变得安全美好的事情的钱就越少。

经济危机

有时候，经济上的衰败会导致我们失去工作。当足够多的人被裁员、被解雇，他们就不再有能力购买东西。当他们失去支付能力，就会有更多的人失去工作，如此恶性循环……

腐败

有些占据着政治权力的人一心只为自己敛财，把本来应该属于人民的钱财装进了自己的腰包。有权有势的人发了财，别的人则依然贫困。

错误决策

有的时候，国家本身并不应当为个人严峻的财务状况承担罪责。在某些案例中，人们就是很不善于处置自己的财产，与他们身处何地无关。

拒收女性

很多国家只允许男人工作。这意味着一个国家中有高达 50% 的聪明、有才华的人无法做出较大的贡献。

远地区根本就没几所学校——这大大地拖了人们的后腿，很多生活在那里的人们说，如果他们有能力，一定要送孩子去上学。他们知道，上学 = 找到工作 = 不再贫穷。

降低热度

为什么贫困国家容易停滞在贫困状态？还有更多的原因吗？有时候，贫困的原因与教育、就业、政治或者其他任何人类可以切实改变的东西都没关系。没错，我说的是气候。

从历史上来看，炎热的国家比寒冷的国家更穷一些。热带气候为各种可怕的瘟疫创造了完美的温床，比如说疟疾、血吸虫病，还有麻风病。人们生了病就没法工作，于是生产力（就是人们所做工作的总量）就直线下降。好在医药技术的进步带来了希望，让越来越多的人拥有了强健的身体。以新加坡为例，虽然那里常年很热，但如今普遍被认为是一个生机勃勃的国家。

这些是你可以做的

有个好消息。全世界充满热情的成年人和孩子正在努力想办法让生活变得更美好，并为此感到骄傲。我们无偿地教导加纳的村民用新的办法来处理垃圾，使其远离水源，从而保持水源洁净，适宜饮用。我们建立网站，让每个拥有电脑的人轻轻点击鼠标就能参与筹款，为处于饥饿、疾病之中的人购买食品和药物。甚至有些小孩子都创办了自己的慈善事业。

我想较个真……

我要说的事跟“贫穷”这个词有关。我更喜欢用“拮据”这个词来代替。想想看，“贫穷”背后牵涉的包袱沉重得让人难以想象。说一个人贫穷，就是说他不如别人。

这是不公平的。也许这个人是出色的歌手，或者能用手指做出令人目眩的特技，也许他是学校里最聪明的孩子，或者是天赋异禀的运动健将。如果你说他很“穷”，你就看不到一个完整的他。而说他“拮据”呢？亲爱的，那就只是在说钱的事而已。

拮据是一种生存状态，而贫穷是一种思维模式。

这是我的一点想法。

给，这是送你的

为什么要把钱给出去，而不是统统留给自己呢？这里有一个很棒的理由：给予能让我们感觉良好。嘿，我们的口水可不会说谎。

什么？口水？

没错。几年前，英属哥伦比亚大学的心理学教授伊丽莎白·邓恩在研究金钱与幸福的关系时，设计了这样一个实验：她让一个班级的学生玩“独裁者游戏”，其中一些学生是“独裁者”，他们会拿到价值 10 块钱的硬币，并“领导”其他一些学生。然后，他们可以做出选择：愿意给自己的同组学生多少钱？（请记住，这些都是真钱，游戏结束后，可以把钱带回家。）有的人把手里的钱都分掉了，有的人一点都没分。大部分人则

是介于这两者之间。

后来发现，给出去的钱越多，就越会觉得开心。

游戏结束后，这些“独裁者”还要往嘴里放一片特制的棉花，也就是唾液采集片，以便提供唾液样本。唾液检验结果证明了一切：给自己留的钱越多就会越羞愧，而越羞愧，他们的压力激素含量就越高。

“这还挺有意思的，因为我们能看到这种效应不仅反映在他们自己的情绪评价中，也反映在他们的唾液里。”伊丽莎白这样说。

还有一次，她派助手去给陌生人发放 5 元和 20 元纸币。其中，一半的陌生人要把钱花在自己身上，而另一半则被要求为别人花钱。结果出来后，研究者再次发现，那些进行了“社会倾向”消费（换句话说，买了礼物或者做了慈善）的人会感到更快乐一些。

但是，这种幸福感究竟从何而来呢？给予真的能让我们快乐吗？还是说慷慨的人本身就更生性乐天呢？伊丽莎白承认这很难确定，尽管她的某些实验结果显示，人们在做出给予行为后，确实提升了幸福感。

“不管怎样，我们可以看到，幸福感和为别人花钱这两件事似乎经常同时出现。”她说。

你就是行善者

你想在“给予”这件事情上走得更远吗？来吧！参与进来！给世界带来变化！已经有很多人在下面这些超棒的机构里工作或是做志愿者了！

他们防御疾病

“嗡嗡嗡……”啪！讨厌的蚊子！对于很多人来说，蚊子只是夏日的一点烦心事，但对另一些人来说，却是致命的威胁。一些蚊子会传播疟疾，而疟疾每年杀死的成年人和孩子数量将近100万。2006年，联合国发起了一项名为“只需一顶蚊帐”的活动，发动人们捐款购买蚊帐，受捐助者只需要把蚊帐挂在床的四周，就可以抵御这种嗜血且传播疾病的烦人精。再见啦，蚊子！

他们清理环境

在看了电影《不容忽视的真相》后，12岁的加利福尼亚州少年亚历克·罗尔兹希望向其他孩子分享关于全球变暖的知识。

几年以后的今天，他建立的“儿童对抗全球变暖”组织致力于在传播相关知识，并向人们展示如何回收利用物资、植树、自己种植食物，以及选择依靠体力驱动的旅行方式。

他们促进阅读

想要处理掉一些你已经不再读的书吗？可以在周围找找“阅读树”捐赠箱，然后把它们丢进去就好啦。“阅读树”把那些本来有可能流落到垃圾填埋场的书籍送到美国和加拿大各地的阅读者手中。你的书已经太破旧，没法读了吗？别担心，这个组织也会对它们进行回收利用。

他们为动物带去新生

它们在夜空里俯冲，把世界各地的人吓得汗毛倒竖。为什么我们居然要保护蝙蝠啊？位于美国得克萨斯州的国际蝙蝠保护组织说，这种小生物遭到了严重的误解，它们对于生态系统具有重要意义。这些飞虫消灭者们实在是世界之“福”，不能任由它们在威胁面前自生自灭。

他们每天都在帮助孩子

整天工作，没空玩耍？没门！成立于加拿大多伦多的“玩耍的权利”组织让全世界超过 190 万名儿童可以蹦蹦跳跳，参与运动。那些被困在战火纷飞的地区或者沦为童工的儿童，他们第一次有机会只当个孩子。

提给金钱专家伊丽莎白的 5 个热门问题

你想知道该怎么花钱才能感觉良好吗？我也想知道，所以询问了伊丽莎白 · 邓恩，她是加拿大温哥华的一位见多识广的实验科研人员，同时也是一位获奖教师。

问 研究人们如何处理自己的金钱是一个有趣的课题。这是你从小就想研究的东西吗？

答 其实我想当演员来着！不过某种程度上来说我也当成了演员，因为我现在可以走上台，向大群的观众讲解我的研究工作。

问 在研究情感和金钱的过程中，最让你惊讶的发现是什么？

答 金钱似乎并不能像人们所期望的那样，带来那么多的快乐。所以，与其专注于我们能挣多少钱，也许最应该做的事情是好好地思考一下，手里的钱要怎么去花。

问 好吧，根据你现在已知的关于金钱和快乐的知识，假定说有人给了你 2 万美元，你会怎么做呢？

答 我肯定会拿出很多钱来帮助别人。我也会试着用它来体验一些绝妙的事情，一些在其他情况下我无法体验的事情。（研究显示，花钱获得体验，比如说骑马、滑雪等，会比买东西更让我们快乐。）另外我也喜欢小小地犒劳自己一下，所以会留下一笔钱来为这些快乐买单。

问 你要留一点儿存起来吗？

答 嗯……可能会吧。

问 但这并不能让你快乐？

答 这就要取决于我最终把这些钱花在什么上了吧！

魔镜魔镜告诉我，
谁是世上最慷慨的人？

说到仗义疏财，英国人似乎比其他地方的人更愿意慷慨解囊。每 10 个英国人里有略微超过 8 个会向慈善活动捐款。加拿大排第二位，77% 的加拿大人说每年都会捐出一些钱。还有一些有趣的结果：

49% 的美国人说，他们认为面向动物的慈善活动是最值得掏钱的。

印度的捐赠者最热心于帮助孩子们保持健康快乐。

瑞士人最担忧同气候变化的斗争。

（来源：UnLtdWorld）

引入“大”钱

有的时候，仅仅依靠个人、基金会和慈善机构还不够。还记得我们在前几页探讨的贫困的根源吗？有时候，整个国家都极度困窘和破败，需要大量的外部援助。这个时候，就需要像世界银行和国际货币基金组织这一类机构参与其中。

世界银行是干什么的？

要回答这个问题，先得上一堂历史课。世界银行成立于 1944 年，当时，第二次世界大战已接近尾声。世界银行设立的最初目的，是向那些被战争摧残的国家提供资金，重建他们满目疮痍的城市，并

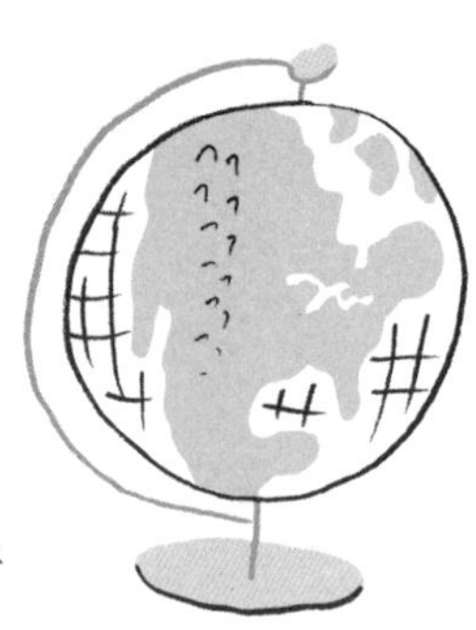

让他们的经济重新站稳脚跟。法国因在战争中遭受了格外严重的摧残，成为第一个使用这笔资金的国家。

不过，从那时以来，世界银行关注的焦点不再局限于帮助相关国家清除战争后遗症，而更多地注重在世界上最不发达的地区消除贫困。它每年发放数十亿美元的贷款和赠款，为数百万人送去清洁的水和电力。它的大部分资金来源于自身的借款和成员国的资助。

优势与弊端

乍一看，世界银行的理念是极好的。当然啦，很多人都非常赞赏世界银行肩负的职责，但并不喜欢他们实际上的某些做法。有的时候，它拒绝向独裁者当政的腐败国家拨款。这多少有一点道理。你怎么会想把钱给一个有可能转身就私吞或者跟其党羽私分了这笔钱的人呢？

此外，还有人批评说，世界银行收取的贷款利率太高了，让申请贷款的国家无力偿还，结果反而比最初时欠下了更多的债务，处境也进一步恶化。不过，最近几年，世界银行已经设法降低了利率。

国际货币基金组织又是怎么回事？

好问题。很多人都无法说出这两个机构之间的区别。它们都会向有需要的国家提供贷款。（还记得100~101页的泡泡国吗？）但是国际货币基金组织实际上与世界银行有所不同。首先，它会向任何需要钱的国家提供贷款。比如说冰岛，就曾在面临极其严重的信贷紧缩时，从国际货币基金组织获得资金。国际货币基金组织的贷款倾向于短期救济，以便一个国家可以渡过难关，重新立足。而世界银行则相反，它经常提供长期的帮扶。

有每次用1美元帮助人们的慈善项目，也有来自世界银行和国际货币基金组织的数十亿美元的贷款。但是，还有一种方式，可以给世界任何地方的人一个机会，让他们摆脱日复一日挣扎度日的状态，让他们拥有的钱不仅够生存，也够为未来制订计划。

这种方式叫小额贷款。请继续阅读，搞明白它是怎么回事吧！

让我们继续。
现在，既然你已经比较清楚是什么导致了贫困，而慈善事业又能有什么帮助，你是否想进一步搞明白自己可以给世界带来什么改变呢？
翻到第十章，
我们这就干起来吧。

小额贷款！

25 美元是怎样不断生长，让整个村庄面貌一新的。

微不足道的小额贷款真的能带来那么大的变化吗？快来看看！

认识一下阿莫莉卡，她和妈妈、爸爸以及两个姐姐住在孟加拉国的一个小村庄里。她爸爸种植黄麻，用来制作麻袋、麻绳、麻线和麻垫。但如今年景不好，家里连水果都买不起，也没钱供姑娘们上学。这让阿莫莉卡非常沮丧。

这时，阿莫莉卡想起了在学校里学到的一件事。城里有家银行，可以借钱给心怀梦想，并且有计划实现梦想的人。她把这事告诉了妈妈。

一位非常和善的人来到他们家访问，问了很多问题，然后给了阿莫莉卡的母亲一笔小额贷款。“这钱不是白给的，这是贷款，需要偿还的。”

阿莫莉卡喜欢看着她妈妈编织麻垫，很快，阿莫莉卡妈妈的麻垫成了抢手货。人人都来问她下周是否还会来集市上。

现在，阿莫莉卡和妈妈一有时间就忙着编织麻垫。她爸爸也想帮忙，就出去向大商店展示样品，并带回了一些订单。

于是全家都忙得不得了，他们有了足够的钱让姑娘们回去上学——同时雇用别人来编织麻垫。和阿莫莉卡的爸爸一起工作的男人变多了。

这下子，镇上的其他工作开始缺人手，薪水也相应地上涨了。和阿莫莉卡一起学习玩耍的同学也变多了。

现在，这个家庭企业雇用了很多人。由于阿莫莉卡的妈妈偿还了银行贷款，其他银行也愿意借给她更多资金。

他们建立了一家工厂，创造了更多的工作岗位！新的商店陆续开业了，当地的经济振兴了。至于阿莫莉卡呢？她去上大学了，她要学习如何借钱给更多拥有梦想和计划的人！

“不要把钱当作目标。

相反，要去追求你喜欢做的事情，然后做到最好，好到人们无法把目光从你身上移开。”

——玛雅·安吉罗

美国当代著名诗人

第十章

让我们拥有一点激情

或者说“基金”？因为和朋友一起筹钱再捐献出去真的很好玩！

它很致命，很危险，而且实实在在地让人沮丧。没错儿，我们还在继续谈论贫困。但是，不要急于翻到另一页来寻找一些更振奋人心的内容，住手！我有些好消息要告诉你。

你将很快发现，你可以用钱做各种超酷的事情，用它们来让整个世界发生改观。每天只需要几分钱（就像电视上经常说的那样），你就可以出一份力，来净化本地的河流，来资助一个孩子参加夏令营，来参与同癌症的斗争，甚至让一家四口吃一年饱饭。确实，你可能没有能力撒出大把的钱，做出足够把你的名字刻在博物馆墙壁上的贡献，但你仍然可以做很多能产生一定影响的事情，让你的钱花得值得。

已经有很多像你这么大的孩子开始行动了，他们有的收集新鞋子，送给那些从未拥有过新鞋子的孩子；有的向医院捐赠DVD；有的去救济厨房派送感恩节火鸡；有的每周去本地的动物收容所照料动物。

募捐、志愿服务、慈善活动，当你把这些事情结合起来，你就能让这个世界变成一个对所有人都更友善的地方。

打电话给所有亿万富翁

你猜怎么着？正当我在为撰写这本书的这个章节做调研的时候，消息传来：接近40位——没错，40位——美国亿万富翁承诺，将在某个时间捐献出至少一半的财富给慈善事业。

《星球大战》系列的创作者乔治·卢卡斯在这个名单上。易贝的前总裁杰夫·斯科尔也在。这件事的起因仅仅是微软的大老板比尔·盖茨和著名投资人沃伦·巴菲特呼吁他们这样做。（“来吧，你不差这一二十亿的。大家都在这么干……”）根据他们签署的“捐献承诺书”，这些超级富豪们保证将在生前或者死后捐出大部分财富。

如果美国的全部400多位亿万富翁都做出同样的承诺，全世界的人们都将感受到这股巨大的力量——6000 亿美元的力量。

打电话给所有零花钱超过 8 美元的孩子！

好吧，我们不可能都是亿万富翁，但是你我仍然可以凭借自己的力量行善。

你可以：

· 和你的朋友合写一本烹饪书并售卖它；制作一部校园戏剧并向观看者收费；录制一些音乐 CD 来售卖，或者组织其他的募捐活动，来资助你所信任的慈善事业。

· 创办你自己的慈善机构或非营利性组织。（实际上，非营利性组织运营起来要更容易一些，因为不需要遵循那么多规则。）

· 或者，创建一个捐赠小组怎么样？这也是你可以做到的。怎么做？接着读下去。

财富之轮

谁愿意孤零零地去做志愿服务和募捐呢？快去加入或者创建一个捐赠小组，和好朋友们一起行善吧。捐赠小组基本上就是一群人聚在一起，把钱和时间汇集起来，从而在想要共同参与的事业上产生较大的影响。

比如说，你和你的朋友们决定要支持本地的动物收容所，你们可以一起筹备"参观狗舍"的义卖，也可以在放学后一起参与志愿遛狗服务。

比起一大群人各自独立捐赠，捐赠小组这种形式不仅容易筹到更多的款项，也更有乐趣！要怎么开始呢？

1. 邀请你的朋友加入；
2. 决定你们要共同参与什么项目；
3. 调研你们想要支持的慈善机构；
4. 策划募捐活动；
5. 定期开会；
6. 叮当！交付你们辛苦筹得的款项。

建造学校，塑造人生

想知道你们筹集的款项能产生多么深远的影响吗？还记得我们在第九章讨论过教育在消除贫困中的重要性吗？这可能看起来有点“野心勃勃”，但仅仅是为了方便我们讨论：假定说，你和你的捐赠小组筹到了足够的资金，可以在西非国家塞拉利昂的乡村地区建一所学校。然后会怎样？我们来看一看……

你们募捐的形式有烘焙义卖、洗车、舞蹈马拉松（长时间地随着音乐跳舞），以及售卖平价巧克力条。你们集中精力，紧盯目标，终于筹到了 1 万美元……

一群来自你们国家的成年人和少年同当地的建筑工人合作建成了一所新学校。你们的资金还用来购买书桌、黑板、纸张和铅笔。

当地的孩子们终于有机会免费上学啦！

那里的可可农场主仍然需要有人干活，所以那些失业的父母和亲戚们就从孩子们手中接过了可可种植园里的工作，挣钱供养他们的家庭。

与此同时，孩子们在学习读写和算术等。由于接受了教育，一个崭新的世界在他们面前打开了。联合国儿童基金会是一个全球性的儿童慈善机构，隶属于联合国，该基金会宣称：儿童接受学校教育的时间每延长一年，所能挣到的钱就增加 10%。

一旦这些孩子长大成人，挣到了像样的薪水，他们自己的孩子也就不用去当童工了。

毫无疑问，这是一个宏大的梦想，但它也表明，只要谋划得当，一个慈善项目可以获得非常丰厚的回报。从理论上来说，这些烘焙义卖所得的钱可以在其他孩子身上产生深远的影响，这种影响不只限于今日，也将延续到遥远的未来。这是多么划算的买卖！

这里有位专家！

美国“儿童影单”组织 玛塔姐妹

（莱西、罗米、玛尼和伯尼）

一次乘坐“空军一号”的私人旅行？这就是玛尼·玛塔和伯尼·玛塔在2008年收到的奖励，以表彰她们获得当年的总统志愿服务奖。

“我爸爸说：‘我活了50岁，但我还从未在职业生涯中获得如此巨大的成就。’”玛尼说，“这恰恰表明：行善并没有年龄限制。”

她所说的“行善”就是“儿童影单”，这个慈善机构向全美国和南非的儿童医院捐赠了数千张新的或二手的电影DVD。2002年，玛尼和三个妹妹创立了这一项目，当时她才11岁。

当时她们并不知道自己即将开始的是怎样一项事业。最开始，她们只是在加利福尼亚州的家中进行了一场小小的春季打扫，后来却变成了一项全国性的活动。“儿童影单”向超过566家医院捐赠了超过5万张面向儿童和青少年的DVD，帮助数以千计的孩子熬过生病住院或手术恢复的时间。

“我知道，我情绪不好的时候喜欢看电影。我可以想象孩子们在医院里会是什么感受。”玛尼说。

一开始，小姐妹和父母会开车从一家医院到另一家医院，送去电影光盘。但是，在一次疲惫的五小时旅程后，她们意识到，是时候申请拨款并把“儿童影单”转变为一家正式的非营利性组织了。她们的爸爸是律师，他帮忙完成了书面材料。

虽然小姐妹如今分散在多个城市，有的已经工作，有的在上大学，但她们几乎每个星期都会收到由儿童、家庭、学校、教会、寺庙、团体甚至是电影工作室捐赠的影片。

有些其他州的孩子甚至会组织电影募捐活动，帮助“儿童影单”收集DVD。

“可以看到，如果想为别人做什么重要的事情，年龄并不一定会成为障碍。这一点太振奋人心了。”玛尼说。

你也想自己成立一个慈善机构吗？

从玛塔姐妹的经历可以看出，成立一个慈善机构意味着大量艰苦的工作。她很幸运，得到了妈妈和爸爸的帮助。但是，如果你拥有一个绝佳的主意，对我们的地球有益，而且是目前还没有人想到的，那么建立你自己的慈善机构可能是一种合理的办法。但在美国，请记住：

- 你可能还年龄太小，不能成为主席。
- 你需要组织一个理事会。
- 你需要向政府申请慈善机构认证（证明你们确实是一家慈善机构，可以为捐款人提供税务收据）。

如果你不想走这么多烦琐的流程，也可以考虑志愿加入一个已经存在的类似机构，然后把你的好主意告诉他们，也许他们会帮你实现。

投钱之前，多动动脑子

假设说，你和朋友想要筹钱保护被严重污名化的巨型海鳗（如果你歪着头、眯起眼睛看的话，这种将近 3 米长的海中怪物确实还有点可爱……），于是你开始网络调研，很快发现了鳗鱼爱好者协会的信息。这家慈善机构研究与爪哇裸胸鳝（一种巨大的鳗鱼）有关的一切，并帮助保护它们的自然栖息地。搞定！

但是，这家慈善机构配得上你辛辛苦苦挣来的钱吗？虽然大多数慈善机构和非营利性组织都做得不错，但毕竟不是全部。有些机构在使用捐赠者们提供的资金时不够明智，还有些所谓的慈善机构根本就是大骗子，只想从像你这样的好人每年捐赠的数十亿美元善款中大捞一笔。

举个例子，2007 年的时候，有报纸报道，“童之愿”基金会号

当心骗局!

丁零零!“您好,请问您愿意向熊瞎子消防员基金会捐款吗?我们非常需要您的帮助。”这样的电话,你的家人似乎每天晚上都会收到,总是在劝你们捐一点,再捐一点。但是,先别忙着让家人掏钱,问问你自己,电话里说的是真的吗?

- 骗子们经常使用高压战术。你可以拒绝他们,也可以直接挂掉电话。
- 骗子们经常感谢你曾经做出某种承诺,而你自己并不记得。这让你觉得别无选择,非捐不可,其实你完全可以说:“没有的事。”
- 请拒绝支付现金。正规的慈善机构都接受支票和信用卡。(但是,你的爸妈绝不应该向无缘无故突然打来电话的人透露信用卡号码,他们得先做好功课。)
- 对于那些派代表或者“跑腿的”上你家收钱的慈善机构,一律回绝。
- 当发生洪水或者地震等灾害后,要警惕那些一夜之间冒出来的慈善救灾机构。真正的慈善机构通常早在灾难发生前就已经存在了。
- 相信你的直觉。如果你对某家正在要求你捐款的慈善机构感觉怪怪的,放弃它,另找一家你信得过的。

称要帮助即将离世的儿童完成最后的心愿,但实际上根本没去帮助任何人。相反,这家虚假慈善机构的运营者真正试图做的是买一架私人飞机!

那么,你要怎么才能分辨哪些慈善机构正经靠谱,哪些只是个骗局呢?

首先,你得做足功课。美国、加拿大和世界上许多国家的政府和组织会在线公布真实慈善机构的列表。你也可以看一看这些慈善机构的网站，按规定很多机构必须晒出“账目”。筹集的钱款中会有一部分用于举办募捐活动、交房租、支付员工薪水和各种账单，但绝大部分应当用于慈善事业。

如果你很难读懂一家机构的年度报告，可以求助于爸爸妈妈或老师。还有，不要担心自己过于疑神疑鬼。如果你为了一项你认同的慈善事业，要克服重重困难——和朋友一起印制用于义卖的烹饪书，或者售卖巧克力，那你当然需要知道你的钱最终是否会到达正确的人手上，并用于正确的目的。

我的钱到底应该用在什么上？

这真是一个非常棒的问题，而唯一能回答它的人，就是你自己。也许，你的小妹妹患有脑积水（大脑外围的体液量过高），所以你决定把零花钱捐给一家专门为这种疾病的患儿提供救助的慈善机构。或者，你热衷于阻止全球变暖？许多家环保组织在做着出色的工作。又或者你非常认同小额贷款的力量，希望借此给人们一个自我创业的机会。某种程度上来说，给予充满着情绪化——这没什么大不了的。

不过，这里还有一些信息供你参考。几年前，哥本哈根共识中心——一个由 8 位超级聪慧的经济学家（包括 3 位诺贝尔奖得主）组成的专家组——研究出了哪些慈善事业能够为捐赠者们的资金带来最大的成果。

真正从破布到财富

换句话说，捐赠的衣服去了哪里？

你奶奶在你前年生日给你织的那件薄荷绿色的毛衣终于穿不下了，（也是时候了！）你准备把它清理出衣柜。何不捐献给本地的慈善机构呢？这件毛衣肯定会被送到某个非常需要它（至少是超级喜欢薄荷绿毛衣）的人手里，对吗？

不要急于下结论。美国人每年捐给慈善机构数十亿磅重的衣物，几年前，美国广播公司新闻网决定深入调查一下这些衣物的命运。记者发现了什么呢？你捐出的二手衣物通常是被卖掉，而不是赠送出去的。

假定说，你决定向慈善事业捐出一件毛衣。会发生什么事情？它将去向哪里？

1. 通常来说，这些淘汰衣物里面品质最好的一小部分，会被放在慈善机构的旧货商店里售卖。

2. 但是，如果你奶奶的编织手艺还达不到那种级别，这件毛衣就会和大约 90% 的捐赠衣物一道被卖给纺织品回收企业。这听起来不算太糟。慈善机构通过出售衣物赚到了钱，追求盈利的企业也赚到了。

3. 更妙的是，回收企业会把其中一部分无法售卖的衣物制作成用于清洁的布料，就像机械师用来擦拭汽车零件的那种。旧衣服，可以和垃圾堆说再见啦。

4. 但是那件毛衣不太适合用来干这个。于是，它被装进一个大箱子里，装上船，运往其他国家。

5. 一旦这些衣物抵达了目的地，比

如说赞比亚，它们会被卸下来，摆到街上的市场里售卖，当地人只需要花几块钱就能买到这些廉价衣物。看起来这是个双赢的局面？目前，关于向当地社区抛售廉价衣物到底是好事还是坏事，很多人存在着意见分歧。你怎么想呢？

正方观点

- 你的旧衣物为很多人带来了新财富。在港口和船上装卸货箱的工人有了工作。而且，那些没什么钱的人也能买到便宜的衣服了！
- 不要忘了对环境的好处。把旧衣物卖掉，它们就不会进入垃圾填埋场了。
- 你最初捐赠衣物的慈善机构可以从中挣到钱，来帮助本地有需要的人。

反方观点

- 因为市场上充斥着廉价的外国衣物，当地的制衣行业和纺织品行业将会举步维艰，导致工作岗位减少，工厂倒闭。
- 从环境角度来说，将这些衣物海运到地球的另一面要耗费大量的燃料。
- 最初的那家慈善机构得先把你的衣物卖给公司，公司再把它们运到海外，有时候，慈善机构在这个过程中几乎赚不到什么钱。还有一种情况，慈善机构可能根本就不是真的做慈善，只是一家伪装成慈善机构的商业公司。一定要当心这种骗子。

结论？

在了解了不同角度的观点以后，一个孩子到底要怎么处理那些穿小了的、只能在衣柜里落灰的衣服呢？你还是得好好做功课。问问你打算捐赠衣物的慈善机构，他们打算怎么处理这些衣物，到底能赚到多少钱，打算怎么花这些钱。通常来说，那些大牌、知名的旧货商店会是比较安全的选择，他们确实会把大部分钱用来帮助你所在的社区。

最佳选项：

- 攻克艾滋病。
- 为缺乏食物的人群提供健康食物。
- 降低某些国家之间相互贸易的难度。
- 抵御疟疾。

其他不错的选择：

- 消除营养不良。
- 助力更多的人自主创业。
- 确保所有人都拥有优质饮用水。

这个清单可以帮我们知道，要想帮助别人过上健康、充实的人生，都需要关注哪些事情。但是，这毕竟只是个列表而已。而你有灵光的头脑，有改变世界的激情，所以，如果你有什么真心认同的事业，就不要害怕献出你的时间和金钱。亲爱的，那可是你自己的钱。

也只有你，可以决定你的钱该怎么花，才能让世界变得更美好。

插播一条来自“艾米”飓风的最新消息

当你历尽千辛万苦，终于举办了一场慈善活动，征集了近1吨的衣物和罐头食品，把它们装上飞机，运到一个刚刚遭遇地震、飓风或者洪灾的国家，你又怎么可能期望看到这些捐赠物堆在货箱里长达6个月，直到发霉、生锈？但是，这样的剧情屡屡上演，远远超过你的想象。

震惊吗？我也是。但事实证明，很多政府和救灾机构真心不希望你把旧牛仔裤、旧鞋以及烘焙食品送往一片废墟的受灾地区，是有一些合理原因的。这类捐赠物会堵塞空运和海运通道，让那些需要帮助的人更难获得帮助。救灾工作人员可能会在整理物资上浪费宝贵的时间，而不能前去现场做更有用的事情。还有些时候，我们送去的衣物、食物和其他物资在当地的气候或文化中并不适宜。从成本上来说，在当地购买物资可能比从遥远的地方空运更有效率。

可是，如果你就是想要捐献点什么呢？给你两个字的建议：捐钱。资金援助快速、高效，而且适用于任何时候、任何文化场景。（换句话说，你那件旧滑雪服，在非洲的加纳派不上用场，还是留给你弟弟吧。）

“钱，钱，钱，有钱人的世界，

永远阳光灿烂。”

——阿巴乐队（ABBA）

20 世纪七八十年代的瑞典流行音乐组合

最后的话

钱绝不仅仅是钱。

看看什么叫好日子。现在是暑假的第一天，你无所事事，躺在你镶了钻石的充气鳄鱼上，漂在你家后院的海浪池里，旁边就是你那拥有36间卧室的大豪宅。对了，更妙的是，在你给朋友发信息的间隙，你会吸一口气泡饮料，心里想着："伙计，这真是棒极了，感觉太清凉了。"

（此处插入一声响指。）

得了，咱们还是赶紧回到现实吧，行吗？

毫无疑问，对于我们中的大多数人来说，生活中更常见的场景还是在洗衣篮里埋头翻找一双干净的袜子，而不是躺在泳池边做白日梦。而且我就在这里大胆地打个赌，我猜你并不住在豪宅里。（如果我猜错了，亲爱的，我绝不介意你请我去你家里吃饭。）

事实是，如果你在读这本书，那么从很大概率上来说，你至少拥有一双鞋。如果你早上起来想吃早饭？没问题，你只需要打开冰箱或者橱柜，拿出一点麦片，或至少是一个水果，再来块昨晚剩下的比萨。换句话说，你有足够多的钱来购买生活必需品。

一个惊人的事实

这个事实就是，你，我，还有你学校里的同学们，我们都是走运的人。正如很多经济学家经常指出的：从拥有的机会和财富上来看，我们都属于全世界人口中最幸运的 2%。换句话说，全世界 98% 的儿童都不像我们这么有钱。

但事情真的如此简单吗？我们很幸运，所以无须为了担心钱的问题而睡不着觉？当然不是。虽然我们知道自己在钱这方面还算安稳，但别忘了，发达国家的生活成本也是很高昂的。也许你所在的那条街上，两居室的小平房已经卖到 75 万美元。这就是世界上很多大城市的真实现状。还有你手里那袋薯片，花了多少钱？ 1.5 美元？当我自己还是个孩子的时候（这没有听起来那么久远啦……），只需要两毛五就能买一袋美味的酸奶油洋葱圈。

我的意思是，货币的价值总是在不停地变动，不管你住在世界的什么地方，都会感到压力。你需要多少钱才够生活？如果你爸爸失业了，你会怎样？班里每个人似乎每周都有 5 美元零花钱，而你只有 2 美元。这会让你怎么看待你父母——以及你自己？

金钱会对我们的头脑产生很大的影响力吗？这毫无疑问。当我们觉得自己对金钱的运作方式一无所知时（复习一下，什么是复利？），我们就很容易被吸进——

金钱的恐惧旋涡

你知道吗？读了这本书，你就已经走在了理解钱、尊重钱、对钱感觉良好的道路上。你很可能更加了解人们为什么能挣到钱，怎么才能攒钱，以及怎样捐钱来让世界发生你所希望的改变。也许你已经做过计算，知道如果想要有朝一日变成百万富翁，需要存下多少钱。

你就像一个超级英雄，懂吗？你拥有了支配金钱的超能力，不再感到脆弱无力。不再是钱控制你，而是你控制钱。

可是，我要怎样施展我的超能力呢？

事实上，你能做的事情很多。虽然你很容易对自己的好运感到有点愧疚，但没必要！真的。相反，你应该这么看：你有机会将你绝妙的运气转变成行动，让这个世界变得更美好。

想象一下，如果全美国的孩子从每年花在衣服、音乐、零食和娱乐上的 510 亿美元里拿出 10%（也就是略多于 50 亿美元），用来帮助他人、改善环境，或者保护常常被人遗忘的“粉红仙女犰狳”（不，这不是我编出来的，阿根廷真的有这种小动物），将会怎样？据说，50亿美元就足够教地球上的所有孩子和成人识字了。

还可以想象这样一个世界，那里的人只花自己挣到的钱，而高达万亿美元的消费债务则被一笔勾销。

我还想要更多！

说了这么多关于钱的话题，你是不是已经蠢蠢欲动，就像酷热夏日里的赛车发动机一样？真棒。了解金钱知识的方式还有很多，鉴于你如此有礼貌地问了，我就好心地告诉你吧：

- 阅读关于钱的书籍（比如这一本）。
- 关注与钱有关的网站和博客。
- 观看电视上的财经节目。
- 阅读报纸上的财经新闻。
- 和你的父母、老师以及其他精通金钱问题的家伙们交谈。
- 和你的朋友们一起组成一个投资小组，共同学习。

没错，你拥有超能力，你可以把钱用在研发对生态环境友好的车辆上，用在为尼日利亚建造免费的学校上，还可以用在生产巧克力上，这种巧克力不仅吃起来美味，而且生产它的工人们能获得公平足额的劳动报酬。

因为，钱永远都不只是钱而已，对吗？既然你已经知道了钱的超能力，就请把这个消息告诉别人——告诉你的朋友！告诉你的奶奶！告诉你的数学老师！谁知道呢？也许你可以运用这些刚刚获得的金钱智慧，创造出世界上第一辆“尼日利亚巧克力生态型校车”（注册商标）。嗨，比这更奇怪的事情也发生过嘛。

你猜怎么着？如果你真的成功了，我将第一个去买票试乘，绝无戏言……

所以，你怎么想？你真的需要现在就担心股票、债券、所得税、教育贷款和按揭贷款吗？当然不是！既然你已经了解了这些术语，知道它们是什么意思（以及它们对你的人生意味着什么），你应当可以对钱少一点担心，多一点乐趣。

去吧，去当个企业家，去和你的小伙伴组建一个存钱俱乐部，去关注股票市场，或者去挑一件打折出售的漂亮上衣。明智地对待钱，会让你在生活的方方面面都充满自信。

因为，你已经了解了钱的真正力量，而且能够驾驭它那强大的能量了。

至于钱的秘密？对你来说，已经不是秘密啦。

想要梳理清楚
更多关于钱的知识吗？
下一页是词汇表。

出口：把货物和服务卖给别的国家。

抵押物：可能是一栋房子、一辆车，或任何别的财产——如果你出借钱财，它们就可以是抵押物。向你借钱的人承诺如果因为某种原因无法偿还贷款，就要把抵押物交给你。

分红：作为持股人，如果你的投资对象赢利了，你能分到的那一部分钱就是分红。

服务：一部分人花钱购买的另一部分人的工作，比如服务员、会计师等所做的工作……

工资直存：如果你的雇主愿意把你的工资自动存入你的银行账户，谁还想要纸质的工资支票呢？

公开募股：一家私营公司把自己"切分"成很多小块，并允许公众来购买这些小块。没错，如果你持有一家公司的股票，你就拥有了它的一部分。

共同基金：把一堆股票和债券捆绑到一起。理论上，如果你买了一只共同基金，就不会把钱全投到一家公司里，你的喜悦（和风险）会被分散到各处。如果其中一家公司"翻车"了，其他几家可能仍然状况良好，这样你就不会有太大的损失。

股东：如果你买了股票，也就是一家公司的一部分，你就成了一名股东。

股票：股票实际上就是一家公司的一部分。如果你拥有一家热门玩具公司的一些股票，那么，当这家公司发行一款新游戏，受到所有人追捧的时候，他们将获得利润——你也会！

国债：整个国家政府欠的钱。比如说，到 2011 年 7 月 15 日，美国的国债达到了惊人的 1434863605350.75 美元。

汇率：为什么说今天 1 美元值 0.619 英镑，而明天值 0.620 英镑呢？我们谈论的是美元和英镑之间的汇率。这个交换比率指的是一国的货币在与另一国的货币相比较时的价值。

货币：任何一种钱（包括贝壳、豆子，你能想到的任何东西），只要有很多人认同它有价值，并用作互相交换的媒介就行。

货物：看得见摸得着的实实在在的东西，比如说汽车、漱口水、书包和笔记本电脑。

教育贷款：想去上大学，但又担心钱不够吗？你可以向银行办理教育贷款。教育贷款可以说是最良性的债务，因为从长远来看，它将改善你的生活。拿到了学位，你就很有可能会找到一份报酬丰厚的工作。利率通常也会比其他贷款更低。但要记住——教育贷款就像其他任何贷款一样，都是要还的！想知道更多吗？你可以咨询本地银行或者找你的父母或老师谈一谈。

经济萧条：经济学家（以及我们其他人）用这个词来形容这样一种时期：失业率超高，大家都没钱买东西；因为大家都不买东西，工作岗位就进一步减少。经济萧条（还有经济衰退——它是经济萧条的表弟，严重性低一些）是一种很难打破的恶性循环。

利润：你支付完全部费用以后赚到的钱。

利息：想要贷款吗？你得付钱。人们得先付钱，才能借到钱，付的钱就是利息。当你往银行账户里存钱，银行也会付你利息。

贸易：其实你课间休息的时候一直在做这件事，不是吗？贸易无非就是互相交换货物或者服务。

美国联邦储备委员会：美国的中央银行。

牛市和熊市：当所有人在钱财方面都觉得阳光灿烂、暖意融融时，这就是牛市。而当股价跳水下跌，大家都不愿意买入时，这就是熊市。

欧元：嗨！你在意大利（或者奥地利、比利时、芬兰、法国、葡萄牙、西班牙、爱尔兰，以及其他很多欧洲国家），想买个冰激凌，请掏出欧元。这是因为早在1999年，这些国家，或者说欧盟的成员国，决定使用一种共同的货币来取代本国各自的货币。这给旅行和出口带来了便利。

启动资金：企业家们为了让生意开始运转所花的钱。

收入：人们从酬劳、工资、投资、利润等来源中得到的钱。

守财奴：很吝啬，把钱囤积起来，日子过得极其简朴，一箱一箱地吃便宜的金枪鱼罐头。守财奴们无法忍受花钱，宁愿不惜一切代价地省钱。

通货膨胀：当流通中的钱太多时，就会发生通货膨胀。换句话说，因为有很多人手头非常宽裕，钱的价值就下跌了。即使销售者抬高物价，消费者仍然会照买不误。从历史上来看，通货膨胀的平均速度是每年3%，也就是说，去年卖10块钱的东西，今年就卖

10.30元了。

投资： 想要投资吗？没问题。只是你需要拿你的钱和时间去冒险，希望有朝一日你能得到更多、更好的回报。

投资组合： 你的投资对象的集合，比如股票、债券以及你银行账户里的钱。

违约： 你借了钱却无法偿还吗？这种情况称为贷款违约。

信用额度： 你可以借到多少钱？那个数量就是你的信用额度。

信用借款： 很简单，信用借款是你借的钱，必须得还。通常你还需要为借这笔钱支付一笔费用。

银行： 一种金融机构，职能包括：为客户存钱，提供贷款和房屋按揭，投资以及其他与金钱相关的服务。

银行卡： 银行发行的卡片，让你可以通过银行的机器取钱。银行柜员也经常会要求你出示它。顺便一说，ABM或ATM的全称分别是自助银行机（automated banking machine）和自动柜员机（automated teller machine）。

债券： 这是你放出的一种"贷款"，你已事先了解借款人将在预定的日期偿还并支付利息。政府和企业都会发行债券。

债务： 你欠了别人的钱并需要偿还吗？那就是你的债务。

账户余额： 你存在银行账户里的钱的数量。

汽水
卡氏机器人-3000
漫画